マルチフィジックス有限要素解析シリーズ 1

資源循環のための分離シミュレーション

著者：所 千晴・林 秀原・小板 丈敏
綱澤 有輝・淵田 茂司・髙谷 雄太郎

刊行にあたって

私共は2001年の創業以来20年間，我が国の科学技術と教育の発展に役立つ多重物理連成解析の普及および推進に努めてまいりました。

このたび，次の節目である創業25周年に向けた活動といたしまして，新たに「マルチフィジックス有限要素解析シリーズ」を立ち上げました。私共と志を同じくする教育機関や企業でご活躍の諸先生方にご協力をお願いし，最先端の科学技術や教育に関するトピックをできるだけ分かりやすく解説していただくとともに，多様な分野においてマルチフィジックス解析ソフトウェア COMSOL Multiphysics がどのように利用されているかをご紹介いただくことにいたしました。

本シリーズが読者諸氏の抱える諸課題を解決するきっかけやヒントを見出す一助となりますことを，心から願っております。

2022年7月
計測エンジニアリングシステム株式会社
代表取締役　岡田 求

まえがき

本書は，資源循環に寄与する各種分離操作の基礎原理とシミュレーションによる解析事例をまとめたものです。それらの分離操作の社会実装先のイメージをお伝えするために，資源循環が重要視されるようになった昨今の社会の動向や，各種分離操作の具体的な実用例についても記載しました。また，高校生や学部生，あるいは文系出身の社会人の方々にも興味をお持ちいただけるように，個々の技術開発やシミュレーション開発が必要となる背景を丁寧に解説し，具体的な技術やシミュレーションの紹介では，可能な限り簡単な数式を用いた表現にとどめ，基礎を重視して記述しました。

第１章では資源循環に寄与する分離技術開発の社会的背景を述べています。カーボンニュートラルなどの環境負荷低減と資源循環との同時実現は容易ではないこと，しかしながら資源循環を適切に実現すれば環境負荷低減効果も大きいことがご理解いただけると思います。また，そのためには可能な限り省エネルギーで自由自在な分離技術開発が重要であることを紹介しています。

第２章では，そのような分離技術開発の方向性について述べています。資源開発の歴史の中では，経済的に資源を利活用するために様々に工夫した分離技術が開発されてきたことと，それらをこれからの資源循環のためにさらに工夫し続けなければならないことを紹介しています。

第３章では，電磁界を外部刺激とする分離技術開発を対象とした基礎理論とシミュレーション法を述べています。一例として，電気パルスを利用したリチウムイオン電池の分離や接着体の分離を紹介しています。

第４章では，機械力や加熱を外部刺激とする分離技術開発を対象とした基礎理論とシミュレーション法を述べています。一例として，ここでも電気パルスを利用した太陽光パネルの分離や爆発現象を利用した接着体の分離を紹介しています。

第５章では，粉砕や物理選別を対象とした粒子挙動解析の基礎理論とシミュレーション法を述べています。一例として，電子基板の分離や，様々な特殊粉砕，粒子の混合や比重分離を紹介しています。

第６章では，溶液中の元素分離を対象とした基礎理論とシミュレーション法を述べています。一例として，溶液中のカドミウムやフッ素の吸着処理や，二酸化炭素の固定化，鉱物の溶解，石灰石水路の挙動解析などを紹介しています。

付録では，第３章や第４章で紹介した解析を COMSOL Multiphysics で実行するための具体的操作を学ぶことができます。

本書で紹介した研究開発例の一部は，JST 未来社会創造事業や東京都大学研究者提案事業，JOGMEC や NEDO の各種事業から研究助成をいただいたものです。また，早稲田大学理工学術院総合研究所やオープンイノベーション戦略研究機構の援助のもとに実施され，早稲田大学所千晴研究室のスタッフや学生の皆さんの日々の研究活動によって得られた成果です。ここに関係者各位に心より感謝申し上げます。

本書を分担執筆いただきました皆様はいずれも，早稲田大学所千晴研究室にて資源循環や環境修復のための分離技術開発研究に携わってくださった若手研究者の方々です。それぞれ大変お忙しい中を，迅速に原稿をまとめていただきましたことに心より感謝申し上げます。資源循環分野では，環境負荷低減との両立を実現する技術やシステム革新がますます求められています。本書を手に取られた方々が近い将来，そのような研究者や技術者を，あるいは様々な立場からその実現をサポートする人材を，目指してくださることを心より願っております。

最後に，本書執筆の貴重な機会をくださった計測エンジニアリングシステムの皆様，ならびに近代科学社の皆様に心より感謝申し上げます。

2022 年 7 月
筆者一同を代表して
所 千晴

目次

刊行にあたって 3
まえがき 5

第1章　SDGsやカーボンニュートラルに大きく関係する資源循環

1.1　プラネタリー・バウンダリーとSDGs 12
1.1.1　プラネタリー・バウンダリー 12
1.1.2　MDGsからSDGsへ 14
1.2　カーボンニュートラルと資源消費 18
1.2.1　カーボンニュートラルに必要な資源投入量 19
1.2.2　経済成長と資源消費と環境負荷のデカップリング 23
1.3　サーキュラー・エコノミーの概念 26
1.3.1　バタフライ・ダイヤグラムが示すサーキュラー・エコノミーの概念 27
1.3.2　資源効率向上による温室効果ガス削減効果 29
1.3.3　資源循環を支える分離技術 31
参考文献 33

第2章　資源循環のための分離技術

2.1　金属資源開発と資源循環 36
2.1.1　金属資源開発と循環のフロー 37
2.1.2　低エネルギーな分離技術を開発するために 39
2.1.3　製錬ネットワークによるレアメタルの回収 42
2.1.4　金属資源開発を支える廃水処理 44
2.2　カーボンニュートラルを支える分離技術の研究開発例 45
2.2.1　太陽光パネルの資源循環 45
2.2.2　リチウムイオン電池の資源循環 50
2.2.3　プラスチックの資源循環 56
参考文献 59

第3章　分離技術開発のための電磁界シミュレーション

3.1　電磁界シミュレーションの概要 66
3.1.1　マクスウェル方程式 66
3.1.2　閉鎖系の構成関係式 67
3.1.3　準静的近似とローレンツ項 67
3.2　電気パルス放電の基礎理論 68
3.2.1　容量性エネルギー放電 68
3.2.2　表皮効果 70
3.2.3　絶縁破壊 71
3.3　リチウムイオン電池分離への活用事例 73
3.3.1　薄膜の表皮効果の計算 74
3.3.2　薄膜の抵抗および電流分布の計算 78
3.4　金属接着分離技術への活用事例 80
3.4.1　ノッチの接着体易解体への適用例 81
3.4.2　金属球添加の接着体易解体への適用例 86
参考文献 91

第4章　分離技術開発のための電流伝熱および応力シミュレーション

4.1　応力とひずみについて 94
4.1.1　応力とひずみの定義 94
4.1.2　垂直応力と垂直ひずみ 94
4.1.3　せん断応力とせん断ひずみ 95
4.1.4　3次元での応力とひずみ 96
4.2　電気パルスの電流伝熱シミュレーション，応力シミュレーション 98
4.2.1　電気パルスの電流加熱による分離に関する研究 99
4.2.2　電流伝熱シミュレーション 100
4.2.3　応力シミュレーション 101
4.2.4　電気パルス印可時の電流伝熱シミュレーション 101
4.2.5　電気パルス印加時の応力シミュレーション 104
4.3　接着体の接着強度に関する解析 106
4.3.1　接着体の易解体技術の研究開発 106

4.3.2　接着体への引張り荷重と接着剤強度の解析モデル 107
4.4　界面分離のための衝撃波の圧力解析 109
4.4.1　衝撃波を利用した分離に関する研究 110
4.4.2　衝撃波について 111
4.4.3　衝撃波の基礎方程式 112
4.4.4　音響インピーダンスを考慮した衝撃波の圧力伝播 115
参考文献 117

第5章　分離技術開発のための粉体シミュレーション

5.1　粉体シミュレーションの概要 122
5.1.1　粉体シミュレーションの利点 122
5.1.2　粉体シミュレーションの手法 122
5.2　離散要素法の基礎方程式 123
5.2.1　粒子の運動方程式 124
5.2.2　粒子に作用する接触力 124
5.3　離散要素法の計算アルゴリズム 129
5.3.1　粒子の接触判定 130
5.3.2　壁面のモデリング手法 131
5.3.3　粒子の位置と速度の更新 134
5.4　離散要素法の適用事例 136
5.4.1　粉砕プロセスへ適用 136
5.4.2　混合プロセスへ適用 145
5.4.3　比重分離プロセスへの適用 146
参考文献 149

第6章　地球化学コードによる溶液反応シミュレーション

6.1　資源循環における溶液反応シミュレーションの用途 154
6.2　データベースの取り扱い方 155
6.3　閉鎖反応系における化学反応モデルの構築 157
6.3.1　化学平衡計算 157
6.3.2　表面錯体モデル 160

6.3.3 反応速度論による計算 170
6.4 開放試験系における化学反応モデルの構築 182
参考文献 186

付録

A.1 COMSOL Multiphysics のチュートリアル 192
A.1.1 ノッチなし接着体（3D，高さ変化） 192
A.1.2 楕円体ノッチあり接着体（2D 軸回転，ノッチ周辺） 199
A.1.3 実試料ノッチあり接着体（2D 軸回転，ノッチ周辺） 204
A.1.4 大気中金属球放電（2D 軸回転，実験での電流波形） 207
A.2 COMSOL Multiphysics のモデル開発 GUI 213

索引 215

第1章

SDGsや
カーボンニュートラルに
大きく関係する資源循環

SDGs（Sustainable Development Goals,持続可能な開発）やカーボンニュートラルといった，持続可能な社会構築のための環境対応への注目が高まっています。そのためには，革新的な技術を開発して社会実装するためのさらなる資源を必要とします。適切な資源循環型社会を構築すれば，SDGsやカーボンニュートラルの実現に大きく貢献するため，これら環境対応と資源循環は大いに関係すると言えます。本章ではそれらの関係性について概要を紹介します。

1.1　プラネタリー・バウンダリーと SDGs

人類が地球を有限なものと認識し始めたのはごく最近のことです。産業革命以降の産業の発達によって，世界の各地で公害が発生しましたが，それらは全て局所的な汚染でした。日本においても，私たちは鉱山活動に起因する硫黄酸化物や重金属汚染による鉱害，水銀による水質汚染，自動車排気ガスの窒素酸化物による大気汚染など，様々な公害を経験してきましたが，それらもまた排出源が比較的明確に特定された局所的な汚染であったと言えます。

その間にも，例えば 1962 年には R. カーソンが農薬などの化学物質の危険性を訴えた『沈黙の春』[1] が出版され，1972 年にはローマ・クラブが資源と地球の有限性を指摘した『成長の限界』[2] が出版され，いずれも環境問題は局所的なものばかりでなく，地球全体の限界を超えてしまう可能性があることに警鐘を鳴らしました。しかし，当時は国際的な政治や経済の場で大きく取り上げるほどの動きには至りませんでした。

その後，2009 年に J. ロックストームらが科学誌 *Nature* に発表した “A Safe Operating Space for Humanity（人類にとっての（地球の）安全な機能空間）” と題した論文 [3] をきっかけに，ようやく様々な自然システムに関する「プラネタリー・バウンダリー（地球の限界）」の存在が意識され始め，2015 年の SDGs 採択に至ります。本節では改めて，プラネタリー・バウンダリーや SDGs の考え方を概観します。

1.1.1　プラネタリー・バウンダリー

J. ロックストームらは，上述の論文にて，全地球的気候や，成層圏オゾン，生物多様性，海洋酸性化などの重要な自然システムに関する「プラネタリー・バウンダリー（地球の限界）」の継続的な監視の重要性を提示しました。これは，このプラネタリー・バウンダリーの中でのみ人類は安全に生存できるという，地球上の安全な活動領域とその限界値の境界を示す概念です。具体的には，地球システムの様々なプロセスの中から特に重要な 9 つのプロセスを選定し，それぞれの限界値を考察しています [4]。

この 9 つのプロセスとは，図 1.1 に示す気候変動，生物多様性，土地利用の変化，淡水の消費，生物地球化学的循環，海洋の酸性化，大気エアロゾルの負荷，成層圏オゾンの破壊，新規化学物質です。図 1.1 の太い点線の円内の部分は人類にとって安全な機能空間を表し，この安全な機能空間の限界値を超えると，不確実性のある危険領域に入ります。さらにこの科学的に不確実な範囲を超えると，もはや取り返しがつかないリスクが限界を超えて発生する領域に入ります。

図 1.1 は 2014 年の解析結果ですが，生物多様性の中の生物種の絶滅率や，窒素やリンの生物地球化学的循環は限界値を大きく超えているほか，気候変動や土地利用の変化も限界値を超えていると報告されています。一方，大気エアロゾルの負荷や新規化学物質については，これから限界値を検討するための定量化が必要な段階，すなわち継続的な観測と解析が必要であるとされています。

地球には本来，ある程度の環境負荷にはある速度をもって回復させるような自浄作用が備わっています。例えば植物や海による二酸化炭素の吸収などは，その分かりやすい例と言えるでしょう。しかし産業革命後，とりわけ第二次世界大戦後は，グレート・アクセラレーション（大加速）時代とも呼ばれるほどに様々な資源や物質を大きく加速して使用した結果，様々な環境負荷も加速度的に増加し，地球が本来持っていた自浄作用の速度をはるかに超えてしまったと考えられます。既に一部の環境負荷は取り返しのつかない状況にあるかもしれませんが，今から回復させることができる環境負荷はできるだけ回復させようと訴えるのが，プラネタリー・バウンダリーの考え方です。

ここで重要なことは，プラネタリー・バウンダリーの考え方は，例えば昨今のカーボンニュートラル政策で注目される気候変動のみならず，9 つの多種多様な環境負荷を横断的に視野に入れていることです。環境問題とは多様であることを，ここで改めて認識する必要があります。

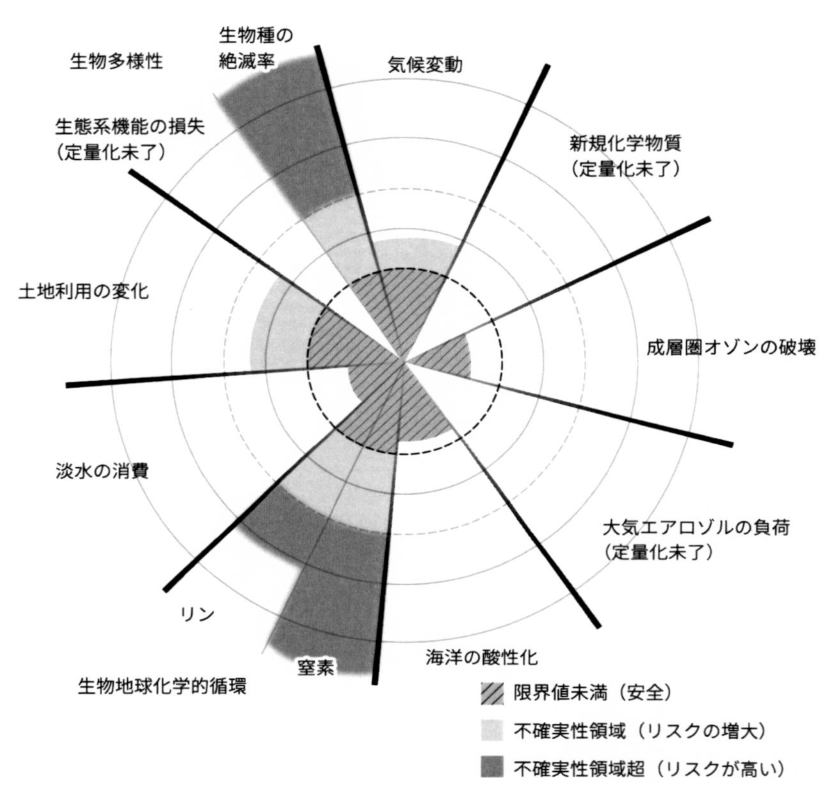

図 1.1　2014 年に更新されたプラネタリー・バウンダリーの概念 [4]

1.1.2 MDGs から SDGs へ

プラネタリー・バウンダリーの考え方は，2015 年の SDGs 採択の基礎的な概念となりました。選定された 9 つのプロセスは多様であり，必ずしも常に両立し得ないことは明らかですが，これらのプロセス全てがプラネタリー・バウンダリーを超えない範囲内で将来の世代にわたって成長と発展を続けていくことが，SDGs の基本的な考え方です。

SDGs が採択される前には，2000 年に MDGs（Millennium Development Goals，ミレニアム開発目標）が採択されました。以下に示すように，MDGs では，2015 年までに達成すべき国際開発目標として，8 つの目標と，その中に具体的な 21 のターゲットと 60 の指標が設定されました。これらの目標を見ますと，MDGs は発展途上国の経済発展による貧困撲滅を主眼としたものであったことが分かります。

1. 極度の貧困と飢餓の撲滅
2. 普遍的初等教育の達成
3. ジェンダーの平等の推進と女性の地位向上
4. 乳幼児死亡率の削減
5. 妊産婦の健康の改善
6. HIV ／エイズ，マラリアその他疾病の蔓延防止
7. 環境の持続可能性の確保
8. 開発のためのグローバル・パートナーシップの推進

MDGs への取り組みの結果，貧困層の減少，飢餓率の減少，HIV 感染者数の減少といった点には一定の成果を上げたことが報告されています。しかし一方で，教育，母子保健，衛生といった点には改善が見られず課題が残ったとされました。その要因の一つは，MDGs は発展途上国の開発問題の解決が中心で，先進国はそれを「援助」する側という位置づけであったために，双方共に経済活動に直結する解決の方向が見出せなかったためであると考えられています。すなわち，ここから確認できることは，経済性の伴わない活動では，残念ながら全世界の持続可能な社会構築に向けた大きな成果は得られないということです。

MDGs の反省点に立ち，SDGs は開発という側面だけでなく，経済，社会，環境の 3 つの側面全てを調和させる幅広い概念となりました。図 1.2 に示すように，SDGs は 17 の目標と 169 のターゲットから成っています。「誰一人取り残さない」が SDGs の理念ですが，MDGs からの経緯を理解すれば，その言葉の重みを一層感じることができます。図 1.2 には SDGs と MDGs との関係も示しました。MDGs のゴールはほとんどが SDGs の 1 から 6 と 17 の目標に含まれていて，SDGs では新たに目標 7 から 16 の概念が追加されていることが分かります。

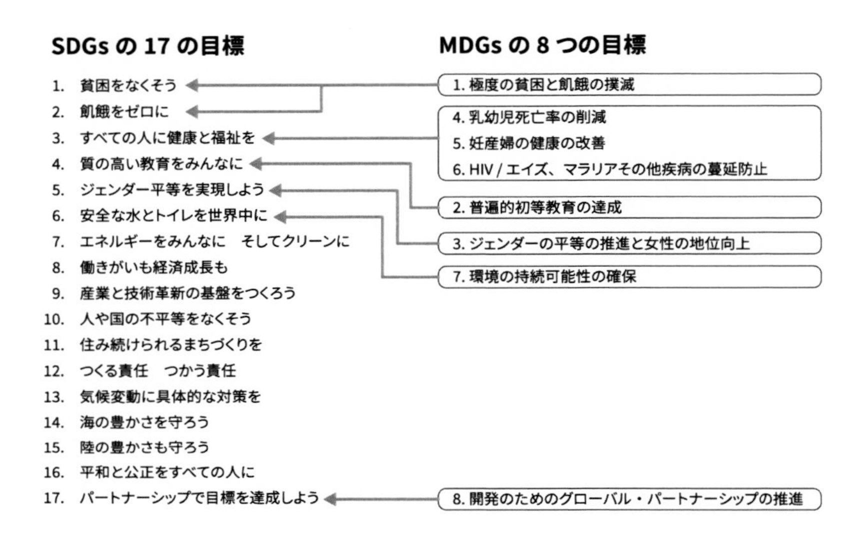

図 1.2　SDGs の 17 の目標と MDGs との関係

SDGs が環境だけでなく経済や社会との調和を目指していることは，SDGs の理解を深めるための整理方法を見れば，より具体的に理解することができます。図 1.3 は，SDGs の 17 の目標を「生物圏 (Biosphere)」「社会圏 (Society)」「経済圏 (Economy)」の 3 つの層に分類した SDGs ウェディングケーキ [5] と呼ばれる整理方法です。このモデルはプラネタリー・バウンダリーを提唱した J. ロックストロームによるものですが，一番下の層が生物圏で，その上に社会圏，さらにその上に経済圏が乗っており，頂点に目標 17 のパートナーシップが位置しています。つまり，生物や地球環境の基盤の上に私たちの社会，そしてさらに経済が成り立っていることを示し，それらをパートナーシップにより調和させることを意味しています。MDGs では目標のほとんどがこの「社会圏」に位置していましたが，SDGs ではさらに「生物圏」と「経済圏」に位置する目標を追加することによって，実効性を高めていることがよく理解できます。

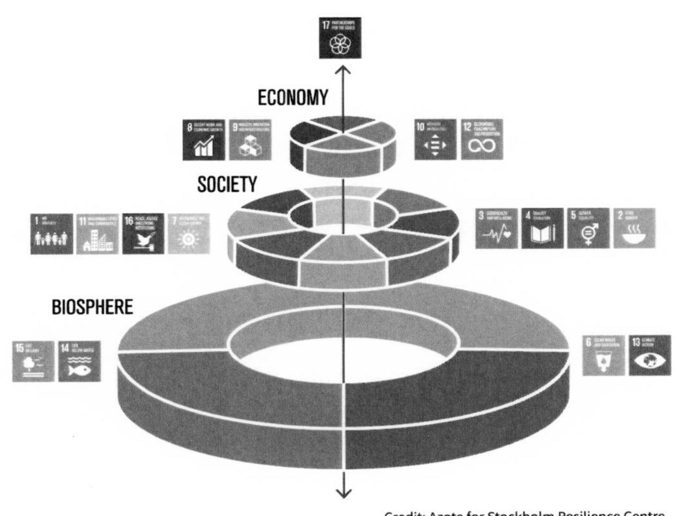

図 1.3　SDGs ウェディングケーキ [5]

日本の環境省においても，SDGs を理解するために「環境」「社会」「経済」の 3 層構造を木で表し，さらに幹の部分に「ガバナンス」を配置した図を環境白書の中で提案しています（図 1.4）[6]。木の根に最も近い枝葉の層に「環境」を配置することで，環境が全ての根底にあることを示しています。またその基盤上に「社会」「経済」活動が依存していることを示すのは，図 1.3 の SDGs ウェディングケーキと同じです。また，木が健全に生育するためには，木の幹が枝葉をしっかり支えるとともに，水や養分を隅々まで行き渡らせる必要があり，その部分には「ガバナンス」が配置されています。すなわち，SDGs が目指す「環境」「経済」「社会」の 3 つを調和させながら達成するためには，ガバナンスが不可欠であることを示しています。言い換えれば，SDGs の目標同士は時には相反する場合があるので，それをバランスさせるためにしっかりとガバナンス強化しなければならないということです。

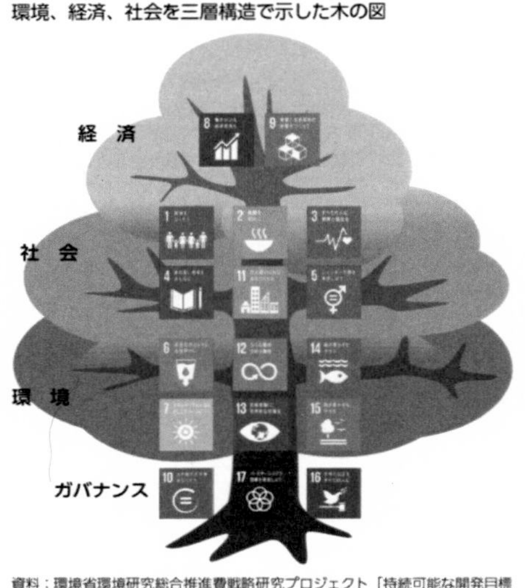

図 1.4　SDGs を理解するための木 [6]

1.2　カーボンニュートラルと資源消費

2020 年 10 月の臨時国会において，菅内閣総理大臣より「2050 年カーボンニュートラル，脱炭素社会の実現を目指す」ことが宣言され，日本でも気候変動対策に対する取り組みが急速に加速し始めました。2021 年 4 月に開催された気候サミットでは，日本は 2030 年度には温室効果ガスの 2013 年度からの 46 %削減を目指すことを宣言しています。私たちは今，この温室効果ガスの削減という環境対策と，経済や社会活動との調和をどのように達成するのか，まさに SDGs に向けて実践的に取り組まなければならない状況にあります。

日本では現在，企業や自治体などの組織が，競い合うようにカーボンニュートラルへの取り組みをアピールし始めています。これらの取り組みが加速したことは，環境対策を単なる CSR（Corporate Social Responsibility，企業の社会的責任）だけではなく，組織として持続可能であるための先行投資，あるいは戦略としてとらえ始めた起点として歓迎したいと感じています。

一方，資源循環はプラネタリー・バウンダリーにおける土地利用の変化，淡水の消費，生物地球化学的循環に直接的に関連します。また，資源開発の過程では，他の環境負荷にも間接的に関連する可能性があります。すなわち，資源の開発およびその循環が必ずしもカーボンニュートラルと両立し得ないことは明らかです。SDGs のうち目標 12「つくる責任　つかう責任」では，資源と環境の課題に直接的に言及しています。また，UNEP（United Nations Environment Programme，国連環境計画）の IRP（International Resource Panel，資源パネル）による 2011 年報告書 [7] では，「資源の将来的な入手可能性」「資源価格の不確実性と長期的上昇」「再生可能資源の非持続的な利用」「資源採掘・使用に伴う環境影響」は，様々な地球環境課題を達成する上での著しい脅威であると明記されています。

環境問題は気候変動のみではなく，持続可能な社会を実現するための課題は環境問題だけではありません。急速なカーボンニュートラルへの取り組みによってこれらの考え方がおざなりとなり，環境対応に対して新たな歪みが生じることは避けなければなりません。日本の気候変動への取り組みは世界から周回遅れと指摘されることもありますが，既に周回遅れなのであれば，拙速に偏った方向性を打ち出すことなく，ここでしっかりと俯瞰的，長期的な視点をも含んだバランスのとれた方向性を見出すことが必要であると考えています。　本節では，そのバランスに対する考え方の一つとして，カーボンニュートラルと資源循環との関係について概観したいと思います。

1.2.1　カーボンニュートラルに必要な資源投入量

2015 年 12 月に COP21（国連気候変動枠組条約締約国会議）で採択されたパリ協定では，気温上昇を 2 ℃より可能な限り低く抑え，できれば 1.5 ℃未満を目指すことが同意されました。UNEP-IRP では 2016 年に，このパリ協定に準拠しながら 2050 年の世界人口 90 億人を支えるエネルギー供給を確保するために必要な資源投入量を，定量的に試算しています

[8]。表 1.1 はその試算結果を抜粋したものですが，再生可能エネルギーとして期待されている風力発電や太陽光発電では，さらなる金属資源消費の増加が試算されています。

表 1.1　低炭素型エネルギー供給の気候変動や資源消費に対する影響 [9]

発電方法	気候変動	資源消費
風力	GHG* ↓	金属消費↑ 水消費↓ 土地利用↓
太陽光	GHG ↓	金属消費↑ 土地利用↑
集光型 太陽熱	GHG ↓	水消費↑ 土地利用↑
水力	化石起源 GHG ↓ 生物起源 GHG ↑	水消費↑ 土地利用↑
地熱	化石起源 GHG ↓ 自然起因 GHG ↑	水消費↑
CCS** 付 火力	GHG ↓ CO_2 漏洩懸念	化石燃料↑

*GHG：温室効果ガス (Greenhouse Gas)
**CCS：CO_2 回収・貯留 (Carbon Capture and Storage)
↑：増加，影響大　　↓：減少，影響小

また，UNEP-IRP はエネルギー需要側での環境影響についても試算しています。表 1.2 に示した低炭素型技術を選出して，それぞれを導入した際の 2030 年および 2050 年における温室効果ガス削減，大気汚染，水汚染，富栄養化，有害物質，金属消費，土地利用増加について環境負荷影響を試算した結果が図 1.5 です [10]。この図は，低炭素型技術を導入すると，温室効果ガスの削減と一緒に，大気汚染の指標である粒子状物質量や，水汚染の指標である有毒性や富栄養化，あるいは土地利用などはいずれも削減され，それらの環境負荷は低減されるものの，金属消費だけは指数関数的に増加する懸念を示しています。

表 1.2　UNEP-IRP レポートで選定されたエネルギー需要側の低炭素型技術

部門	技術
建築	高効率照明（LED 等） 断熱材 制御システム（BEMS*） 情報通信システム（ICT**）
工業	高効率銅製造 コージェネレーション
輸送	ヒト（電気自動車等） 貨物

*BEMS: Building and Energy Management System
**ICT: Information and Communication Technology

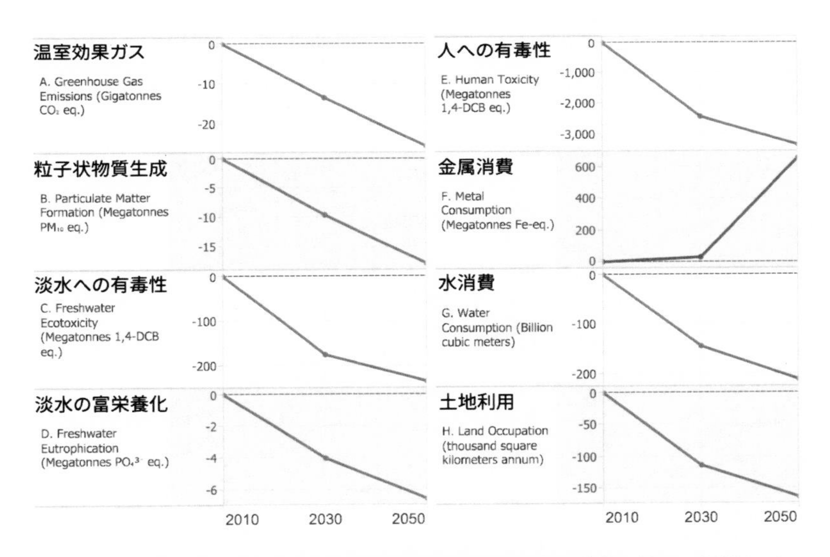

図 1.5　低炭素型エネルギー需要技術の気候変動や資源消費に対する影響 [10]

図 1.5 は，カーボンニュートラルを目指して種々の技術を導入すると，様々な工夫によってほかの環境負荷も一緒に削減できる可能性があるものの，資源消費だけは依然として増加するという懸念を示しています。このような課題を資源パラドックス問題と呼ぶこともあります [11]。

世界エネルギー機関 (International Energy Agency, IEA) は，再生可能エネルギーや電気自動車の導入に伴う将来的な金属資源の鉱物所要量について，2 つのシナリオに基づいて試算しています [12]。一つは，世界各国が公表している環境政策シナリオ (IEA Stated Policies Scenario, STEPS)，もう一つはパリ協定に基づいてカーボンニュートラル施策を進めるシナリオ (IEA Sustainable Development Scenario, SDS) です。図 1.6 に示すように，2021 年に出された IEA の報告書では，STEPS に基づくと 2040 年の鉱物所要量が 2020 年比で約 2 倍になると試算されています。また SDS では，必要となる鉱物量はさらに増加し，2020 年比で 4 倍になると試算されています。さらに，これらの試算からは，鉱物所要量の増加に大きな影響を与えるのは，新たな電力ネットワーク構築や，リチウムイオン電池等の車載用蓄電池であることが分かります。

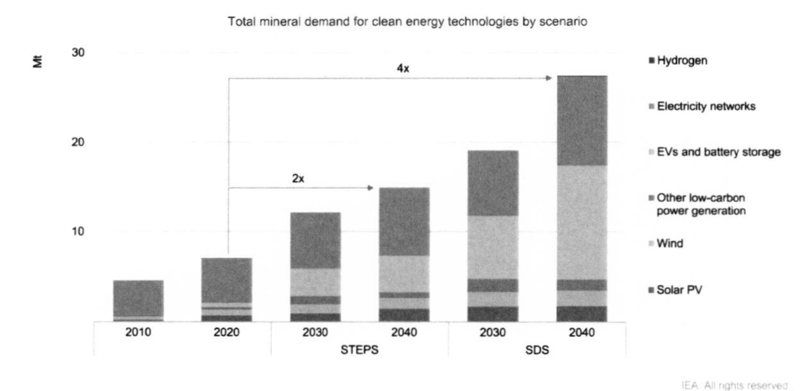

図 1.6　カーボンニュートラルに伴う所要鉱物量の増加 [12]

図 1.7 はさらに，鉱物種ごとの使用量増加予測に関する IEA の報告です。STEPS に基づいた場合でも 2020 年比で銅 1.7 倍，コバルト 6.4 倍，リチウム 12.8 倍，ニッケル 6.5 倍，レアアース 3.4 倍となることが試算されています。SDS に基づけば，それ以上の増加が見込まれます。銅は集電や通電，電送に欠かせない元素であり，コバルト，リチウム，ニッケルはリチウムイオン電池に欠かせない元素です。またレアアースは磁石や超硬工具に欠かせません。これらのデバイスがカーボンニュートラルのた

めに大量に必要となれば，近い将来，ここに示したような金属資源の供給と需要のバランスがくずれ資源不足に陥ることを，多くの研究者が懸念しています。

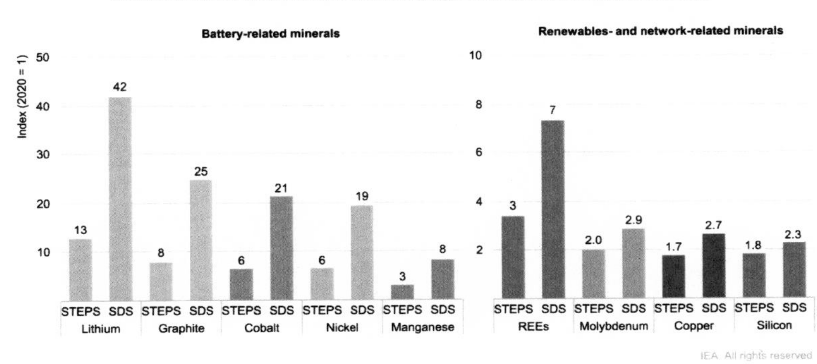

図 1.7　カーボンニュートラルに伴う各鉱物種所要量の増加 [12]

以上のように，カーボンニュートラルに代表される環境対応と，持続可能な資源消費，すなわち，資源循環型社会の構築との両立は，近い将来に大きな課題となるのではないかと考えられます。

1.2.2　経済成長と資源消費と環境負荷のデカップリング

K. ラワースは，自身の著書『ドーナツ経済』の中で，「経済成長せずに，国民の窮乏に終止符を打った国はこれまでに一国もない。経済成長によって，自然環境の悪化に終止符を打った国もこれまでに一国もない」と述べています [13]。このことは，これまで経済成長と環境負荷が正の相関を有していた，すなわち，経済が成長すればそれに伴って環境負荷も増加してきたことを示しています。しかし，プラネタリー・バウンダリーを意識せざるを得なくなるまで環境への人類活動の影響が大きくなってしまった今日では，これ以上環境負荷を増加させることはできないことは，これまでに述べた通りです。

UNEP-IRP が 2011 年に公表した報告書では，図 1.8 のような「デカップリング」という概念が示されています[7]。デカップリングとは「切り離し」という意味ですが，ここでは，経済成長と資源消費，経済成長と環境負荷とを切り離す必要性が示されています。すなわち，資源をあまり使用することなく，そして環境へ悪影響を与えることなく，経済成長と人類のWell-beingを両立させようという考え方です。図1.8では，経済成長の伸びよりも資源消費の伸びの方が緩やかになっていますが，このようなデカップリングを相対的デカップリングといいます。一方，経済成長の伸びに対して環境影響は低下しており，これを絶対的デカップリングといいます。この図では，相対的な資源デカップリングと，絶対的な環境デカップリングを提唱しています。

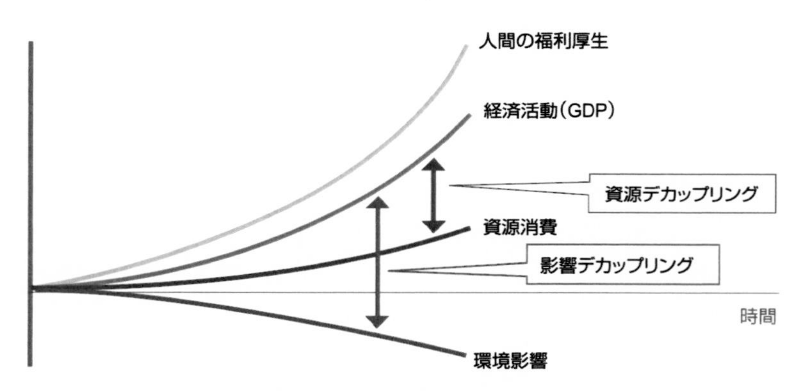

図1.8　経済成長と資源消費と環境負荷のデカップリング[7]

これまで通りの経済成長を求めつつ，環境負荷を下げるためのカーボンニュートラル政策を進めると，資源消費が急激に増加してしまう可能性があることは，既に示しました。ではどうしたら経済成長と資源消費と環境負荷のデカップリングを達成することができるのか，いま世界中の経済学者や経営者がその方向性を模索している状況と言えます。

前出のK. ラワースは，2011年に「ドーナツ経済」という概念を提唱しています[13]。その概念は図1.9のように示され，一見，図1.1に示したプラネタリー・バウンダリーの図とそっくりです。ドーナツの外側には，プラネタリー・バウンダリーの９つのプロセスが配置されています。ドーナツの外側の着色されている部分は，プラネタリー・バウンダリーの限界を既に超えてしまっていると危惧されている４つのプロセスを示しています。一方，ドーナツの内側の穴には 12 の社会指標が配置され，その不足の度合いが表されています。内側の穴における着色が中心に向かって伸びているほど，その社会指標が大きく不足していることを示します。

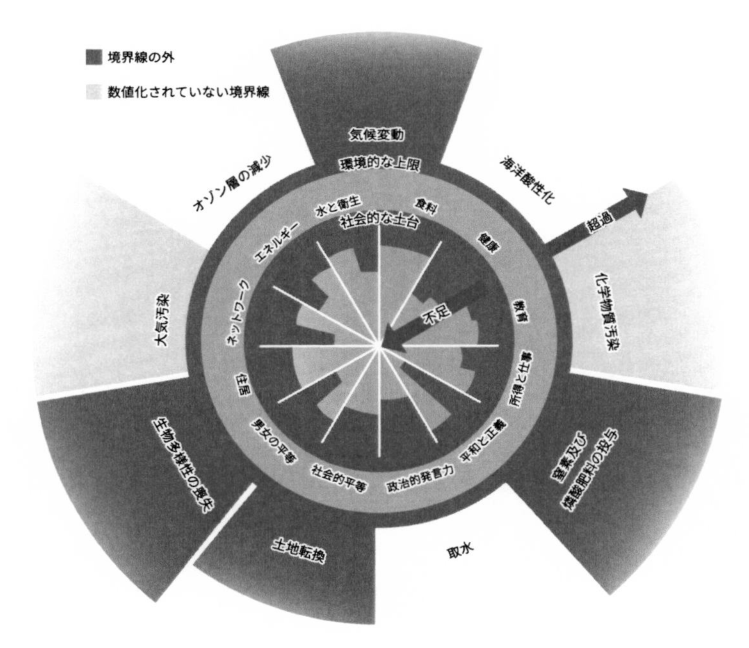

図 1.9　ドーナツ経済の概念図 [13]

ドーナツの可食部にあたる部分は人類にとって安全で公正な範囲，すなわち環境再生的で分配が良好に達成されている経済の範囲を示しています。この範囲内にとどまっていれば，全ての人のニーズが満たされ，かつ全地球的な生命環境が守られている世界を維持することができます。「ドーナツ経済」とは，このようにプラネタリー・バウンダリーを超えず，なおかつ人類としてのニーズが不足していない，ドーナツの可食部の範囲を目指すという概念です。

これまで経済は右肩上がりの成長を目標とし，その指標はもっぱらGDPでした。果てない成長を目標とした結果，プラネタリー・バウンダリーの限界を超えて地球環境が不可逆的に破壊されつつあるとすれば，持続可能な発展のためには，経済の「成長」ではなく「成熟」を目標とすべきではないか，という考え方は，経済の成長が本当に人類のWell-beingなのかどうかを問うポスト資本主義的な考え方とも方向性が一致します。長年，経済成長を目標としてきた社会が，このドーナツの内側へ目標を切り替えるには，価値観とシステムの大きな変容が必要となると考えられます。K. ラワースは，このドーナツの内側に入れるかどうかを決めるキーワードは，人口，分配，物欲，テクノロジー，ガバナンス，の5つだとしています。

1.3　サーキュラー・エコノミーの概念

前節では，今の価値観のままSDGsやカーボンニュートラルを達成しようとすれば，近い将来，資源不足に陥る懸念を示しました。そして，これを解決する一つの方向性は経済成長と資源消費と環境負荷とのデカップリングであること，その達成のためには必ずしも経済成長を目標としない経済のあり方が問われていることも示しました。

もう一つの方向性は，それでも最低限必要となる資源の価値を，余すところなく活用するためのサーキュラー・エコノミーであると考えられます。サーキュラー・エコノミーとは，2015年12月にEUより提案された政策パッケージです。当時は循環経済という耳慣れない言葉に専門家でさえも戸惑い，日本のものづくり産業からは特段の具体的な反応はありませんでした。しかし現在では，SDGsを経済的に実践する一つの具体策として大変注目されています[14]。

2015年は環境に関する国際的な採択が連続した年でした。9月に国連サミットにてSDGsが，11月に国連気候変動枠組条約締結国会議(COP)にてパリ協定が採択されています。そして12月にはEUがサーキュラー・エコノミーに関する政策パッケージを発表しています。目指すべき理想的な姿を示す「ビジョン」とも言えるSDGs，その具体的な目標を示す「ミッション」とも言えるパリ協定での温室効果ガス削減目標，そして具体的な行動の方向性を示す「オペ—レーション」あるいは「バリュー」ともいえるサーキュラー・エコノミー，この3つを2015年という早い段階で1年のうちに発表していたEUは，やはり戦略的であると感じます。

本節では，経済と環境と社会の調和を実践する一つの手段と期待されるサーキュラー・エコノミーの概要について紹介します。

1.3.1　バタフライ・ダイヤグラムが示すサーキュラー・エコノミーの概念

図1.10はエレン・マッカーサー財団からバタフライ・ダイヤグラムとして示されているサーキュラー・エコノミーの概念図です[15]。この図は，枯渇性資源を対象とした右側の循環ループと，再生可能資源を対象とした左側の循環ループとがバタフライの両羽のように見えることから，バタフライ・ダイヤグラムと呼ばれています。

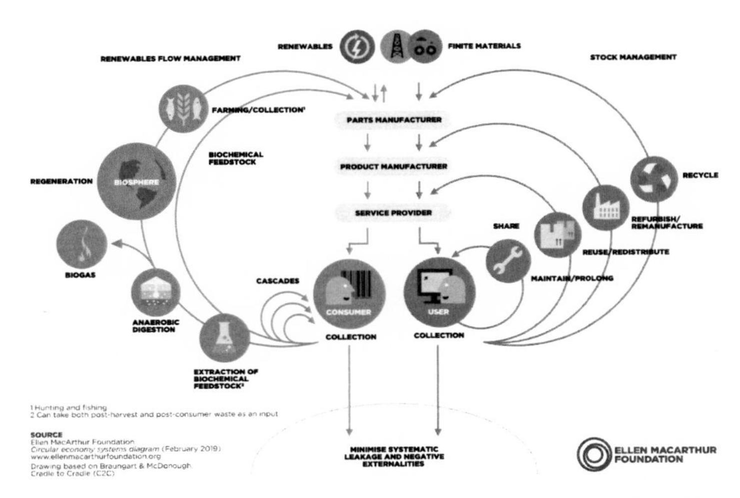

図1.10　エレン・マッカーサー財団によるサーキュラー・エコノミーの概念図[15]

この図で重要なことは，右側の枯渇性資源の循環ループと左側の再生可能資源の循環ループとを分けて制御することと，それぞれの時間スケールが大幅に異なることです。右側の枯渇性資源の循環ループは無機素材系を中心としているので，材料や製品の寿命を考えると，数年からせいぜい十数年の時間スケールでの循環です。一方，左側の再生可能資源の循環ループは，有機・バイオ系の天然への二酸化炭素吸収を含みます。地球表層の炭素循環は，海洋循環と同様と仮定した短期循環であったとしても数千年，陸上の長期循環では数百年の時間スケールであると言われています[16]。それらがさらに化石燃料化するのは，生物圏を含めた億年単位の時間スケールとなります。つまり，この図の左右の循環では全く時間スケールが異なるのです。

環境問題とは速度論であることは既に述べました。地球にはある程度の自浄作用が備わっていますが，その自浄速度をはるかに超えた速度で環境負荷を増加させてしまったことが，現在プラネタリー・バウンダリーを超えつつあると危惧されている理由です。このサーキュラー・エコノミーの概念図もまた，時間スケールがバラバラである多重の循環ループをどのように速度的に整合させて制御していくのかという大きな課題を，人類に突きつけていると言えます。

右側の枯渇性資源の循環は，シェアやメンテナンス，リユース，リペア，リファービッシュ，リサイクルなど多重のライフサイクルを含みますが，できるだけ内側の小さなループで循環させることによって，省エネルギーで大きな効果を期待できます。すなわち，まずはシェアリングによって省物質でありながら効果的なサービスを提供しつつ，メンテナンスで長寿命化させ，その後はリユースで可能な限り機能を再利用し，さらに部材ごとに再利用した後に，いよいよ機能を再利用できなくなった段階で分離して素材としてリサイクルする，というライフサイクルが望まれます。

日本の資源循環政策は長らくリサイクルに偏重してきたという反省も聞かれます。サーキュラー・エコノミーでは，リサイクルに至るまでにまず内側のループで資源や製品の価値を余すところなく活用する必要があり，またそのような新たなビジネスを生み出す必要があります。そして，それらの循環に必要なエネルギーは再生可能エネルギーで補うというのが，サーキュラー・エコノミーの重要な考え方です。すなわち，大量に資源を消費して大量にリサイクルするのでは，その循環に要するエネルギーに再生可能エネルギーの供給が追い付かないことになってしまいます。

1.3.2 資源効率向上による温室効果ガス削減効果

2020年にはUNEP-IRPが新たな報告書を提出し，物質資源循環を積極的に促進して資源効率を高めれば，大幅な温室効果ガス削減を達成できるという試算を報告しています[17]。
図1.11では，住宅に資源効率を向上させるような物質資源循環戦略を講じれば，2050年にはG7で35 %，中国やインドで60 %の温室効果ガスが削減できると試算しています。また，同様に自動車ではG7で40 %，中国やインドでは35 %の温室効果ガスが削減できると試算しています。

図1.12はG7における温室効果ガス削減量の内訳を示していますが，使用後回収率の拡大や製造歩留まりの向上といった，いわゆる従来型のリサイクル色の強い資源循環対策による温室効果ガス削減の効果は限定的です。一方，住宅では集約性を増した使用，自動車ではカーシェアリングやライドシェアリングといった，シェアリングの発想を取り入れた新しいビジネスモデルによる温室効果ガス削減の効果が圧倒的に大きいことが確認できます。これがサーキュラー・エコノミーの本質です。

例えば，住宅という建造物ではなく「住宅に快適に住むというサービス」を提供する製品を売るという発想や，自動車という乗り物ではなく「自動車に快適に乗るというサービス」を提供する製品を売るという発想が，経済性を有しながらカーボンニュートラルを達成することにつながります。こういった発想に基づいて，例えばフィリップスが照明器具ではなくサービスとしての照明を売るビジネスを展開しているほか，ミシュランはタイヤを売らずにタイヤを貸し出すというビジネスを展開しています[14]。また，最近はサブスクリプションと呼ばれる様々なサービスも提供されるようになってきました。

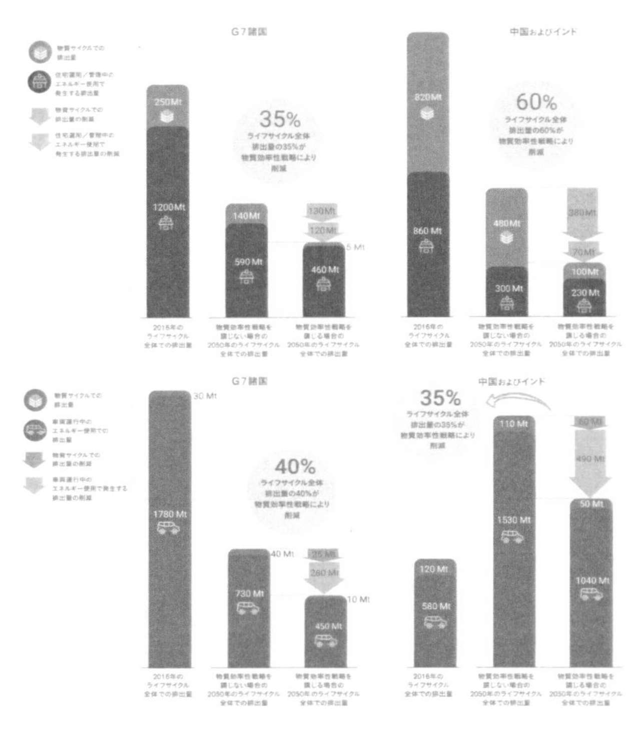

図 1.11　物質効率性戦略による温室効果ガス削減への効果（上段：住宅，下段：自動車）[17]

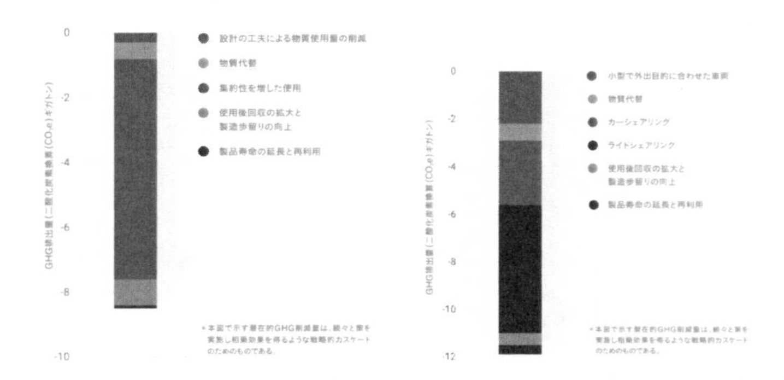

図 1.12　G7 における物質効率性戦略による潜在的温室効果ガス削減量（2016 年～2060 年）（左：住宅，右：自動車）[17]

このようなビジネスが展開されれば，前出の経済成長と資源消費と環境負荷のデカップリングが達成できるのではないかと期待できます。ただし，それがビジネスとして成立するためには，消費者が多様な価値観を有することが重要です。例えば，全員が休日に新車の高級車に乗りたければシェアリングビジネスは成立しませんが，中古車に愛着があったり，様々な大きさの自動車に乗りたかったり，あるいは様々な時期に様々な場所で乗りたいといった多様な価値観のもとには成り立つと考えられます。すなわち，サーキュラー・ビジネスの多重ループを成立させるためには，人類の価値観の多様性が重要であると考えられます。

1.3.3　資源循環を支える分離技術

これまで述べたように，資源循環には，可能な限り資源を投入せずにその機能を享受し，その価値を余すところなく活用するための多種多様な取り組みが必要です。したがって，その解決策は必ずしもリサイクル技術の確立だけではありません。しかしながら，いったん製品となった素材は，バタフライ・ダイヤグラム上の多様なライフサイクルを経て，最後は必ず一番外側のリサイクル循環ループに達することになるので，その際は環境汚染を招かぬように全ての成分を厳密に制御して，可能な限り資源化することが求められます。したがって，やはりリサイクルプロセスの確立は依然として急務です。

サーキュラー・エコノミーの概念に従えば，リサイクルのためのエネルギー源は再生可能エネルギーの範囲内にとどめる必要があります。したがって，省エネルギー型のリサイクル技術が確立されなければなりません。一方で，事故や環境汚染を招かないという大前提の中で，可能な限り多くの資源を回収し資源効率を高めるという目的も存在します。実際のリサイクルプロセスでは，種々の製品に対して，これらの境界条件の中で最適なものを選定することになります。

図 1.13 に示すように，リサイクルのためには多種多様な分離技術の組み合わせが必要となります。利用したい単位ごとにバラバラにする技術を単体分離技術と呼び，バラバラになった単位同士を別なグループに分ける技術を相互分離技術といいます。すなわち単体分離とは，分離の対象とな

る単位のみから成る部材，粒子，分子，原子の状態に結合を切り離すことであり，相互分離とは，単体分離した粒子，分子，原子同士を，それぞれのグループに分離して取り出せる状態にすることです。

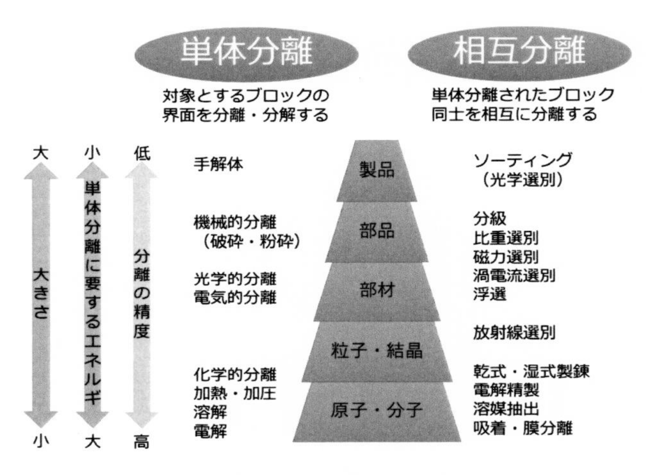

図 1.13　資源循環に必要な分離技術 [18]

より大きなエネルギーを要するのは単体分離技術です。したがって，分離に要するエネルギーを可能な限り低減するためには，できるだけ無駄な単体分離を減らす必要があります。すなわち相互分離が可能となる単位まで必要最低限な単体分離をすることが重要です。しかし現状では，最終的に分子・原子レベルまで単体分離し，各元素を高純度に回収するというリサイクルループができ上がっています。これは，分子・原子レベルまで単体分離して相互分離しなければ，常に高精度と高純度を求め続けてきた製造分野が要求する分離の精度を保証できないからです。

これまでの製造分野には，よい製品を作るという目的のほかに，環境負荷を低減することや，再生材を使用すること，使用済み後の循環も考慮してライフサイクル全体を経済・環境・社会の複合的な視野から調和させるという視点が皆無でした。したがって必要以上の精度や純度を求めてきたケースもあると考えられます。これは，そのような過剰な性能を製品に求め続けてきた人類にも責任があります。

今後の多種多様な資源循環を支えるための省エネルギー型分離技術を開発するためには，単体分離においては必要な界面だけを自在に分離する技術，相互分離では粒子以上の単位で高精度に分離する技術開発が強く求められると考えられます。また，製造分野が今のままの価値観，例えば同じコストのまま高精度や高純度を維持しつつ高いリサイクル率を素材分野に求めるのであれば，それは全く理不尽な要求であると言えるでしょう。分離にはエネルギーを要することを十分に理解し，それを低減するためにはより多様な単位での分離が必要になるため，製造分野の大きな貢献と変容が不可欠であり，ひいては，人類がどのような製品を求めていくかという価値観の変容が必要です。

参考文献

[1] カーソン，R.：『沈黙の春』，新潮社（1974）.

[2] メドウズ，D. H.：『成長の限界―ローマ・クラブ「人類の危機」レポート』，ダイヤモンド社（1972）.

[3] Rockström, J., Steffen, W., Noone, K. *et al.*：A safe operating space for humanity, *Nature*, 461, pp.472-475（2009）.

[4] ロックストローム，J.，クルム，M.：『小さな地球の大きな世界』，丸善出版（2018）.

[5] ロックストローム，J.：SDGs ウェディングケーキ.
https://www.stockholmresilience.org/images/18.36c25848153d54bdba33ec9b/1465905797608/sdgs-food-azote.jpg（2022 年 3 月 7 日参照）

[6] 環境省：平成 29 年版　環境・循環型社会・生物多様性白書.
https://www.env.go.jp/policy/hakusyo/h29/html/hj17010102.html（2022 年 3 月 7 日参照）

[7] Fischer-Kowalski, M., *et al.*：Decoupling natural resource use and environmental impacts from economic growth, A Report of the Working Group on Decoupling to the International Resource Panel, UNEP（2011）.
日本語版『デカップリング　天然資源利用・環境影響と経済成長との切り離し』.

[8] Hertwich, E. G., *et al.*：Green Energy Choices：The benefits, risks and trade-offs of low-carbon technologies for electricity production, A report of the International Resource Panel, UNEP（2016）.

[9] 所千晴：スマートエネルギーを支える資源循環の現状と課題，『金属』，Vol.91, No.1, pp.61-66（2021）.

[10] UNEP ：Green Technology Choices: The Environmental and Resource Implications of Low-Carbon Technologies, A report of the International Resource Panel, UNEP（2017）.

[11] 山末英嗣，光斎翔貴，柏倉俊介：グリーンイノベーションの資源パラドックス問題，『日本 LCA 学会誌』，Vol.17, No.1, pp.22-28（2021）.

[12] IEA：The Role of Critical Minerals in Clean Energy Transitions, World Energy Outlook Special Report, IEA Publications（2021）.

[13] ラワース，K.：『ドーナツ経済』，河出書房新社（2021）.

[14] 中石和良：『サーキュラー・エコノミー』，ポプラ社（2020）.

[15] Ellen MacArthur Foundation： An economic and business rationale for an accelerated transition, *Toward Circular Economy*, Vol.1（2013）.

[16] Berner, R. A.：New look at the long-term carbon cycle, *GSA today*, Vol.9, No.11, pp.1-6（1999）.

[17] UNEP：Resource Efficiency and Climate Change: Material Efficiency Strategies for a Low-Carbon Future, A report of the International Resource Panel, UNEP（2020）.
日本語版『資源効率性と気候変動 低炭素未来に向けた物質効率性戦略 政策決定者向け要約』.

[18] 所千晴：持続可能な社会に向けた新リサイクル技術の開発，『工業材料』，Vol.69, No.10, pp.20-24（2021）.

第2章

資源循環のための分離技術

前章では，SDGsやカーボンニュートラルと資源循環との両立が，近い将来人類の大きな課題になる可能性を示しました。本章では，その両立のために求められる分離技術の概要を紹介します。第3章以降に紹介するシミュレーション手法により考察される各分離現象が，資源循環においてどのような役割を果たしているか，その背景の理解につながります。

2.1　金属資源開発と資源循環

銅や鉄などの金属は人類の生活に深く関わり，文明形成に大きな影響を与えてきました [1]。人類は紀元前 1700 年頃には既に鉄，銅，亜鉛，鉛，錫といった金属を使用していたと言われていますが，その後の産業の発達とともに，さらに様々な金属を組み合わせて多種多様な機能を有した先端的な材料を創り出すようになりました。古くから使用されている金属である鉄，銅，亜鉛，鉛，錫に 20 世紀から工業的に広く使われるようになったアルミニウムを加えて，ベースメタルと呼びます。これ以外の金属はレアメタルと呼ばれ，そのうち，金，銀，白金，パラジウムなど希少で耐腐食性のある 8 元素を貴金属と呼び，スカンジウムからルテチウムまでの 17 の希土類元素をレアアースと呼びます。

ベースメタルの鉱石に対しては，人類の英知によって，大量に高純度な金属を安定して精製する低エネルギー・低コストの分離技術が確立されてきました。それゆえ，これらの金属はベースメタルとなり得たと言っても過言ではありません。言い換えれば，これらの金属資源を使用済み製品から分離して，同様の純度の金属素材に再生させようとした場合，鉱石から金属を精製する場合と同じように低エネルギーかつ低コストで実現するには，さらに人類の英知を結集しなければなりません。

分離に要するエネルギーやコストのことだけを考えれば，天然鉱石を使わず金属資源を 100 %リサイクルするという発想が，必ずしも正解ではない場合もあることを，ここでしっかりと理解しておく必要があります。もちろん，温室効果ガスの削減だけではなく，土地改変をせず，廃棄物や汚染を出さないという多面的な環境負荷低減を考えながら，さらに経済・環境・社会を調和させて人類の Well-being を達成するために，何をどこまでリサイクルすべきであるかは，これから総合的に考えていかなければなりません。

このように資源循環は資源開発と大きく関係するため，本節では両者を比較しながら，必要とされる分離技術を概観します。

2.1.1　金属資源開発と循環のフロー

図 2.1 に示すように，金属資源開発は，探査（地下資源を探し出す），開発（生産施設を整える），採掘（鉱石を掘り出す），選鉱（鉱石から対象金属を分離濃縮する），製錬（高温プロセスで金属を分離濃縮する），精製（電気や薬剤を使いさらに純度を上げる）の流れで行われます。

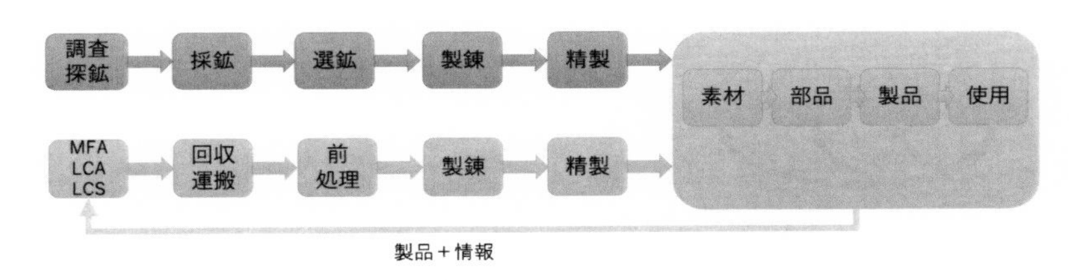

図 2.1　金属資源開発（上段）と循環（下段）のプロセスフロー

資源開発の場合には，選鉱，製錬，精製の各プロセスが分離技術に相当します。選鉱は主に物理的，あるいは物理化学的な作用を利用して分離濃縮するプロセスで，主に粉砕と選別の組み合わせによって達成します。粉砕の目的は，前章で述べた通り，目的とする成分とそれ以外の成分がそれぞれ単体で存在している状態を創り出すことを意味する「単体分離」を達成するためのプロセスです。一般にそのエネルギー効率は高くないと言われているため，低エネルギーな粉砕プロセスを構築することは継続した技術的課題です。選別は，単体分離したものを相互分離することが目的です。磁選（磁性の違いを使って分離する），比重選別（比重の違いを使って分離する），渦電流選別（導電性の違いを使って分離する），浮選（表面の疎水性の違いを使って分離する）などの組み合わせで，それを達成します [2]。

この一連の資源開発のフローを銅の製造を例に詳しく説明すると，図 2.2 のようになります。天然鉱石中の銅品位は 1% 以下ですが，それを選鉱のプロセスによって 20〜40 % まで分離濃縮します。さらに製錬では，1000 ℃を超える高温で金属が溶けることを利用して 99 % まで分離濃縮し，精製プロセスで電気や薬剤を使って 99.99% まで高めます。日本の素材産業は，銅であれば 99.9999% まで純度を高めることができる精緻な分離技術を有していますが，このことが高精度を求められる高機能材料の製造を支えています [3]。

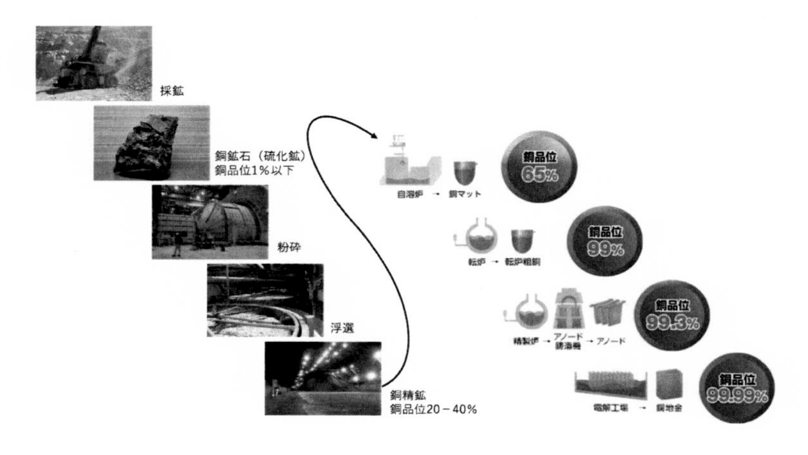

図・写真提供：JX金属株式会社

図 2.2　銅ができるまでのプロセスフロー

以上の分離プロセスは，元素単位でリサイクルする場合には，特に後半の製錬や精製は共通したプロセスとなります。ただし，天然鉱石と使用済み製品とでは随伴する共存元素が異なるため，製錬や精製においてもさらなる技術開発は必要です。一方，分離プロセスの前半に位置する選鉱に相当する部分は，資源循環では前処理と称されます。鉱石と使用済み製品では物理的あるいは物理化学的な特性が大きく異なるため，選鉱と前処理では共通する分離技術も多く存在するものの，一般には資源循環用に新たに分離技術が構築される必要があります。

また，資源開発では，地球の恵みによって大規模に集約されている資源すなわち鉱床を探査することが必要になりますが，資源循環においてそれに代わるのは，マテリアルフロー解析と呼ばれる調査と効率のよい回収です。これを低エネルギーかつ低コストに達成するためには，使用前あるいは使用中の種々のデータが使用後のプロセスにも活用されるシステム作りが求められます。

2.1.2　低エネルギーな分離技術を開発するために

資源を利用するための分離技術は，低エネルギーではあるが分離精度の低い物理的分離と，エネルギーは要するが高精度である化学的分離の組み合わせから成り立っています。したがって，分離技術を低エネルギー化するためには，物理的分離の精度を向上させるか，化学的分離の選択性を高めることが必要です。

既に分離技術として長い歴史を有する製錬技術に代表されるように，実用化されている分離技術は，非常に巧みな現象の組み合わせによって，単体分離と相互分離とを１つのプロセスで達成しています。すなわち製錬では，金属を高温で溶かして単体分離するとともに，比重差を利用して回収すべき金属成分とそれ以外を上下に相互分離しています。このように，選択的な単体分離と相互分離とを１つのプロセスで実現するような新規分離技術開発も，エネルギーをかけない分離技術として有望です。

例えば，機械的な外力を化学的な反応に変えるメカノケミカル反応という現象がありますが，こういった反応などは，そのような分離技術を実現し得る現象であると考えています。本書では第５章にて粉体シミュレーションを紹介しますが，これは粉砕や物理選別における現象の理解や機構解明に有益です [4-6]。私たちは，銅鉱石やレアアース鉱石の酸浸出による高効率な資源回収技術開発に，メカノケミカル反応の利用を検討しています [7-10]。

サーキュラー・エコノミーの概念に従ってより小さいループの資源循環を達成するためには，図 2.3 に示すように，元素単位ではない，機能を残した分離が必要となります。対象全てを原子・分子まで溶かしてしまっては機能を残せないため，元素ではない部材や素材のリサイクルでは，物理的な方法で分離するか，あるいは「局所的に」化学的な反応を起こしつつ物理的な方法と組み合わせて分離する必要があります。

図 2.3 では，左側ほど部品などの機能の価値を再利用し，右側ほど元素の価値を再利用することを示しています。例えば貴金属であれば元素でも

十分に経済的な価値がありますが，プラスチックでは可能な限り強度などの機能的な価値を利用することが求められます。その多種多様な価値の利用を技術的に実現するためには，対象とする単位を構成する界面を選択的に剥離する分離技術が求められます。

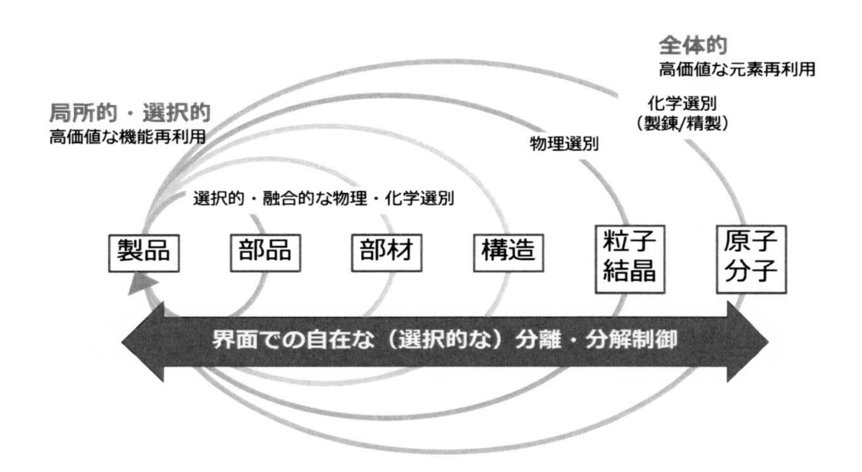

図 2.3　多様な資源循環に求められる分離技術 [11]

これまでの物理的分離では，もっぱら機械的外部刺激が利用されてきました。シュレッダーに代表される破砕・粉砕はその代表例ですが，そのエネルギーや載荷速度を制御することによって，可能な限り異材接合面を選択的に破壊させる方法が検討されてきました。一般に人工物では，異材接合面の単体分離には衝撃式の破砕や粉砕が有効であることが知られています。私たちは，使用済みの家電からの基板回収や，基板からのレアメタル回収に衝撃式破砕が有効であることを，粉体シミュレーションを適用しながら明らかにしてきました [12-17]。

しかしながら，機械的な外部刺激のみで異材接合面を選択的かつ高精度に分離することには限界があります。そこで近年では，電気的，光学的，熱的外部刺激などの利用も注目されています。図 2.4 に示すように，これらの外部刺激に対して，エネルギー，速度，パワー，周波数などを変化させ，異材接合面への局所的な反応と応力を発生させる革新的な分離技術開発が求められています。

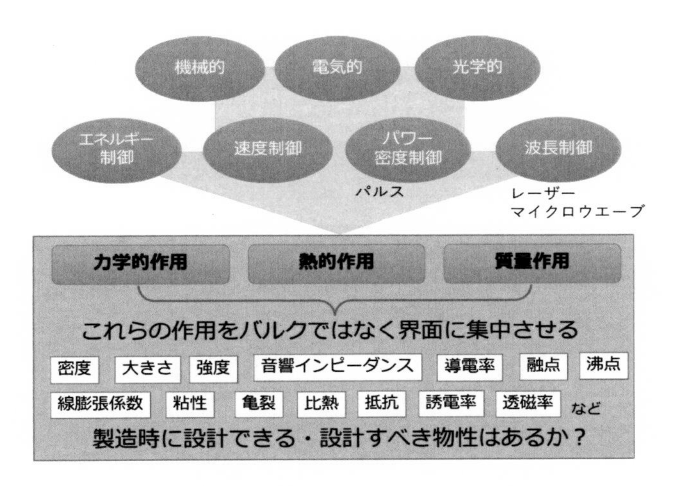

図 2.4　界面を選択的に分離するための外部刺激 [18,19]

私たちは，新規性の高い外部刺激として，電気パルス印加による異材接合面の選択的かつ高精度な分離についても検討をしています [19,20]。これは，数 kV から 100 kV 程度のマイクロ秒からナノ秒の電気パルスを対象に与えることによって導電性の部材に高電流を印加し，局所的な加熱にて気化・プラズマ化させたり，生じる電磁場によるローレンツ力を利用したり，あるいは絶縁性の部材は絶縁破壊させて局所的にプラズマ化させたりして，発生する衝撃波による応力も利用しながら，対象の異材接合面だけを局所的に分離することを狙うものです。電気パルス法自体は 1990 年代より機械的な手法に代わる破砕・粉砕法として長く研究されています。例えば，水中に固定した電極間に数十～数百回の電気パルスを印加することが，石炭の単体分離や電子基板からの部品回収に有効であることが報告されています [21,22]。

私たちはさらに，対象に合わせて導電経路や電気パルス条件を制御することによって，従来の集合粉砕法で認められる不規則性あるいは衝撃波の影響を抑え，1 回から数回の電気パルス印加による，気中など媒体を選ばない分離方法の確立を目指しています [23-27]。またそのような電気パルスを利用した分離が低エネルギーであることも確認しています [28]。

電気パルスによる分離現象を理解し，機構を解明するためには，対象のどこをどのように通電するのかを解析する電場シミュレーションや，通電の結果の温度上昇を解析する伝熱シミュレーション，さらに気化またはプラズマ化した物質による膨張や衝撃波による対象の応力シミュレーションが有益です。そこで本書では，第 3 章で電磁界シミュレーションを，第 4 章で電流伝熱および応力シミュレーションを紹介しています。

また，現状では，製造段階では再生時の「分離のしやすさ」についてはあまり考慮されずに設計されています。あるいは易分解設計が考慮されていても，手解体を前提とした，ボルトの本数削減や向きの統一程度にとどまっています。今後は，機械的，熱的，電気的，光学的外部刺激などを想定した「分離のしやすい」製品が設計され，そのことが高付加価値を有しブランド化された製品につながることが期待されます。

2.1.3　製錬ネットワークによるレアメタルの回収

銅，鉛，亜鉛は古くから製錬法が確立されていることから，ベースメタルとして様々な製品に利用されていることは冒頭に述べました。製錬の基本的な原理は既に確立されていますが，より多くの 2 次資源を原料として利用できるように，個々のプロセスはさらなる技術革新が続けられています。また，図 2.5 に示すように，銅，鉛，亜鉛の製錬は互いにネットワークを組み，様々な 2 次資源を原料として利用するとともに，様々なレアメタルを回収しています。例えば銅製錬では，電解精製のプロセスで得られた電解スラッジから，貴金属等が回収されています。また，鉱石は硫化物を主成分とするため，硫酸を副産物として精製しています。

このように，鉱石を主体とした 1 次資源を対象として長年技術改善を重ねてきた製錬プロセスに，都市鉱山由来の 2 次資源を利用した場合，鉱石には含まれることのなかったプラスチックなどの樹脂や，塩素やフッ素といったハロゲンが混入することになります。これらの割合が増えれば，樹脂は硫酸の着色につながり，ハロゲンはプロセス内の装置の劣化につながるほか，金属の分離機構の主軸である熱力学的なバランスが崩れます。したがって，さらなる都市鉱山由来の2次資源を製錬プロセスに投入するためには，これらの樹脂やハロゲンなどをあらかじめ前処理で分離する技術開発が求められます。

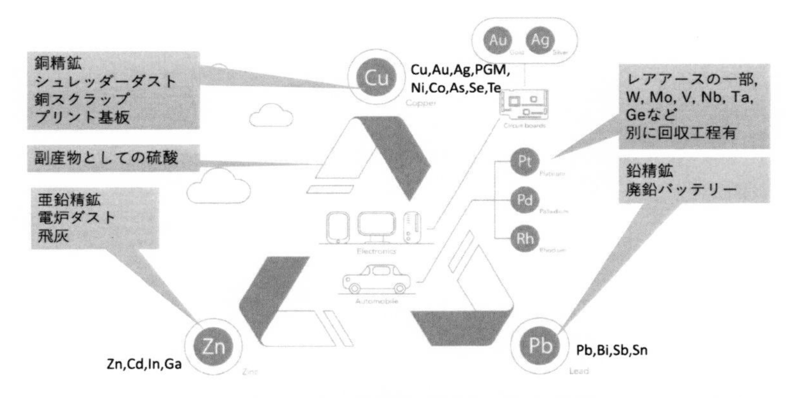

東京大学生産技術研究所非鉄金属資源循環工学寄付研究部門パンフレットの図を加工

図 2.5　銅・鉛・亜鉛の製錬ネットワーク

さらに，図2.2に示したように，銅製錬では「自熔炉」という名称が示す通り硫化物の酸化熱を最大限活用したプロセスとなっているため，硫化鉱石を原料として使用する場合は燃料消費量が非常に小さく済みます。しかし，硫化物ではない都市鉱山由来の2次資源を原料として利用した場合には，何らかの熱量の外部からの投入が新たに必要となる可能性があります。

このように，それぞれの分離に必要なエネルギーをよく理解しながら，天然鉱石由来の1次資源と都市鉱山由来の2次資源とを，全体の環境負荷が最小限になるように「ベストミックス」させたプロセスを定量的に考察する必要があります。このように，2次資源を100％原料とする100％リサイクルが多様な環境負荷を常に最小限にするわけではないことが，これら製錬の分離精製機構からも理解できます。

2.1.4　金属資源開発を支える廃水処理

分離プロセスでは，何らかの残渣が発生します。資源として再生できない残渣が生じる際には，それらは全て，適切に処理される必要があります。資源開発では，歴史的には，硫黄酸化物やヒ素，カドミウムなどが流出し，鉱害を引き起こしたことがありました [29]。現在では，それらは高い分離技術によって適切に処理されています。

日本はかつて金属鉱山大国でしたが，現在はそのほとんどが休廃止鉱山になっています。日本に存在する 7000 ほどの休廃止鉱山のうち 100 ほどの鉱山では，現在も何らかの坑廃水処理が続けられています [30-33]。これらの処理の一部には公費が使用されているため，さらなる効率化が求められ続けています。

鉱山からの廃水は坑廃水と呼ばれ，雨水や地下水へ各種硫化鉱が溶出することによって生じます [34]。したがって，硫酸や二価鉄を多く含み，銅，鉛，亜鉛，カドミウムといった陽イオンや，ヒ素，フッ素，六価クロム，ホウ素といった陰イオンの有害元素群を含む酸性坑廃水として排出されます。これらの坑廃水は，主に中和に伴う凝集沈殿法によって処理されています。坑廃水は処理量が多いため，工業廃水などで用いられる吸着塔などによる処理は現実的ではありません。

凝集沈殿法では，比較的安価で凝集核となりやすい炭酸カルシウムや消石灰などのカルシウム系中和剤をスラリー状で投入し，生成する沈殿物を高分子系凝集剤によって凝集させて汚泥とし，固液分離して清水を得ます。このために，中和撹拌槽と，シックナーやフィルタープレス等の固液分離槽からなるシンプルな処理プロセスが導入されています。このプロセスの効率化は，いかに余剰な中和剤投入を減らし，生成汚泥量をコンパクトにするかということにかかっています。坑廃水中の全ての有害元素群を，できるだけ少量の汚泥に封じ込めることが重要です。

有害元素群が固体へ移行する機構は，水酸化物等の沈殿生成と，それらへの表面錯体形成に大別されます。坑廃水に含有されることが多い二価鉄は中和過程で酸化を受けて三価鉄となり沈殿し，ヒ酸，亜ヒ酸や銅，鉛といったイオンの重要なマトリックスとして作用します [35-38]。また，アルミニウムイオンはやはり中和過程で沈殿し，亜鉛やカドミウムといったイオンの重要なマトリックスとなります [39,40]。二価マンガンも中和過程で三価マンガンや四価マンガンへ酸化し，亜鉛やカドミウムイオンの吸着能を有する沈殿を生成することが知られています [41-43]。

これら坑廃水処理における沈殿や表面錯体形成の現象を理解し，機構を解明するためには，本書の第 6 章にて紹介する地球化学シミュレーションが有効です。私たちも地球化学シミュレーションを用いて，各坑廃水サイトの分離機構解明を行っています [44,45]。坑廃水処理では多種多様な元素群の水酸化物生成と表面錯体形成が同時に進行しますが，従来，両者は特に区別されることなく共沈現象としてとらえられてきました。しかし上述の地球化学シミュレーションなどを用いた機構解明によって，共沈現象は単なる沈殿生成と表面錯体形成との足し合わせではなく，条件がそろった場合にはそれ以上の機構が存在することが確認されています。

2.2 カーボンニュートラルを支える分離技術の研究開発例

創エネルギー，省エネルギー，畜エネルギーなどのエネルギー要素技術と，ICT を主軸としたネットワーク制御技術とシステムとを組み合わせて需給構造を最適化させるスマートエネルギーは，パリ協定で合意した 2 ℃以内の気温上昇抑制への主要検討課題の一つです。これまで紹介したように，その実現のためには資源需要が大きく高まることが予想され，資源循環は今後さらに重要度を増します。本節では，創エネルギーの一つである太陽光発電と，畜エネルギーの一つであるリチウムイオン電池の資源循環の現状と課題を例として，金属資源循環の現状と課題を紹介します。また，金属とともに必ず使用されるプラスチックについても，その循環の現状と課題を概観します。

2.2.1 太陽光パネルの資源循環

SDGs の達成には再生可能エネルギーの最大限の活用が前提となりま

すが，そのうち太陽光発電や風力発電はその達成に大きく貢献するエネルギーとして最も有力視されています [46]。日本では 2012 年に「電気事業者による再生可能エネルギー電気の調達に関する特別措置法」による「再生可能エネルギー固定価格買取制度 (FIT)」が施行されました。その影響で，小規模な個人住宅用から大規模なメガソーラーまで太陽光発電の導入が大幅に拡大し，2012 年には 911 万 kW だった導入量が，2019 年には 5500 万 kW と 6 倍に増加したとされています。

しかし，太陽光パネルの寿命は約 25 年と報告されていることや，FIT 法の施行期間の終了を考慮すると，2030 年頃には太陽光パネルの廃棄量の大幅な増加が問題になると推測されています。NEDO によれば，2035 年頃に排出量のピークを迎え，年間排出量が約 17〜28 万トンになると試算されています。したがって，今からしっかりとしたリユース，リサイクルの仕組みならびに技術，プロセスを検討しておく必要があります。

太陽光パネルにはシリコン系，化合物系，有機系などの種類があり，有機系はまだ研究開発段階です。化合物系では，銅，インジウム，セレンを原料とする CIS 太陽電池，これにガリウムを加えた CIGS 太陽電池，テルル化カドミウムを使ったカドミウムテルル (CdTe) 太陽電池などが代表的で，薄膜化が可能であること，変換効率が高いことなどから少しずつ導入が進んでいます。また，化合物系には一部毒性の高い元素も使用されていることから，使用後は全量回収され，確実にリサイクルされることが求められます。

一方，現在導入されている太陽光パネルの大半は結晶型シリコン系です。シリコン系はアルミ枠，ガラス，ポリフッ化ビニル (PVF) やポリエチレンテレフタラート (PET) などの多層プラスチックから成るバックシート，封止材であるエチレン酢酸ビニルコポリマー (EVA)，シリコン，集電用の銅線および銀線等の非鉄金属から成ります。サーキュラー・エコノミーの概念で紹介したように，まずはメンテナンスしながら長く利用する診断技術が重要です。近年はドローンによる撮影画像を用いた診断なども実施されています。太陽光パネルは災害や落石等の自然現象がない限り製品寿命は長く，付属品の方が先に劣化しやすいと言われています。

ここ 10 年余の間に，シリコン系太陽光電池の技術開発と社会実装は大きく進み，石炭火力よりも安価となったことで，再生可能エネルギーは高価であるという考え方が変化しました。またデバイスの開発では，価値観の変容につながる技術を生み出すには，最先端の高機能な材料を開発することも重要ですが，既にある材料を安価に大量生産するためのプロセス開発がそれ以上に重要であることが示されました。これによりシリコン系太陽光パネルの価格は近年非常に安価になり，リユースは海外輸出向けが主軸となっているのが現状です。

シリコン系太陽光パネルでは，全体の重量の 15% 程度をアルミニウム枠，60〜70% をガラスが占めており，まずはこれらを廃棄物にしないように確実にリサイクルすることが求められます。アルミニウム枠は最初に手動または機械的に取り外され，アルミニウムリサイクルの原料とされるのが主流です。アルミニウム枠が取り外された後のシリコン系太陽光パネルのリサイクルプロセスは，表 2.1 のように大別されます。

表 2.1　シリコン系太陽光パネルのリサイクルプロセスとその特徴 [46]

プロセス	単位操作	長所	短所
選別系	破砕・物理選別	大量処理 低コスト	低精度
解体系	機械的解体 （ホットナイフ，削り出し）	高精度	低処理量
化学系	加熱・加圧・浸出	高精度	高コスト

選別系プロセスではシュレッダーを主とする破砕によって減容化され，比重選別，磁選，渦電流選別などを組み合わせて，ガラス，銅・銀等金属，シリコン，樹脂に分離濃縮されます。そのプロセスフローの例は図 2.6 の通りです。この方法は大量処理が可能であるという最大の長所を有しますが，それぞれの回収物の純度をどこまで上げられるかがプロセス改善の主要な課題です。私たちは，得られたガラス濃縮物の純度をさらに高めるために，ガラスを選択的に粉砕して，ガラスが付着している樹脂層から剥離させる偏心型撹拌ミルの適用を検討しました [46,47]。このような研究開発にも第 5 章で紹介する粉体シミュレーションは有用です。

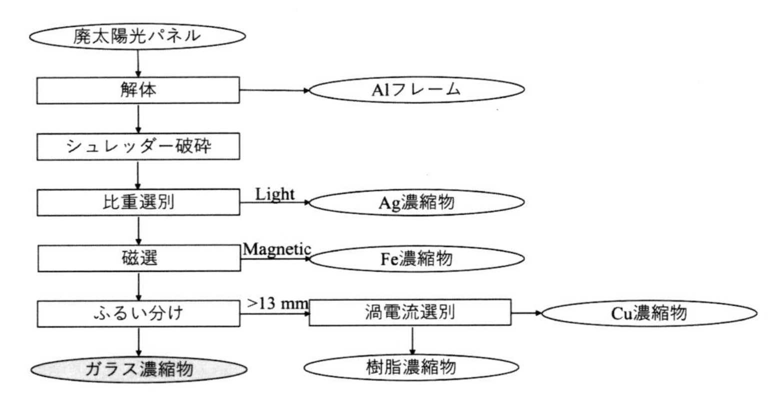

図 2.6　太陽光パネルのリサイクルプロセスの例（選別系）[46]

解体系プロセスでは，ホットナイフ法と呼ばれる方法やガラス側を削り出す方法によってガラスとセルを高精度に分離し，ガラスの水平リサイクルを目指します。セル側には銅線，銀線やシリコンが含まれますが，場合によっては銅や銀を回収するためのさらなる分離濃縮が必要となります。私たちは，解体系プロセスからガラスを回収した後のセルに対して，電気パルス印加による細線爆発現象を利用し，銅線および銀線を選択的に樹脂から単体分離させる方法を検討しています [24,48]。

セル部分に電気パルスを印加すると，銅線または銀線が選択的にプラズマ化して純度の高い粒子として回収され，その際発生する衝撃波によって残りの金属線やシリコンの一部が樹脂からはがれて回収されることを確認しています。従来セルから金属を回収する場合には，樹脂を燃焼させて残渣を分離しますが，その際には必ず二酸化炭素が発生します。本手法は，金属のみを選択的にプラズマ化させて回収し，樹脂はそのまま残渣に残します。このような研究開発にも，第 3 章で紹介する電磁界シミュレーションは有用です。

化学系プロセスは，加熱，加圧，浸出などの組み合わせによって樹脂を燃焼させ，ガラスや金属の高純度回収を目指すものです。フッ素をはじめとする有害物質の制御をしやすいものの，プロセスの低エネルギー化・低炭素化をいかに達成するかが課題となります。近年では，樹脂の燃焼熱を有効に利用する低環境負荷型のプロセスが開発されています。

回収されたガラスの再利用先は，リサイクルとしての価値が高い順に，ガラス，ガラスファイバー，耐火物・タイル・セラミック，路盤材などがありますが，廃棄が多いのも現状です。ガラスの水平リサイクルが困難な理由の一つは，プラスチックと同様にガラス自体が多種多様である上に，添加物が多様であるためです。板ガラス製法の一つであるロールアウト法で製造されたガラスには鉄の還元剤としてアンチモンやヒ素が使用されますが，これらが混在すると別な製法であるフロート法では着色の原因となるので，ガラス原料としては再利用できないという事情があります [49]。

私たちの調査によると，国内で流通しているシリコン系太陽光パネル内にヒ素が混在する例はわずかですが，アンチモンが混在することは珍しくないようです。近年のシリコン系太陽光パネルは 5 割強が中国製であることから，これらの添加物の制御は困難です。一方で，混入するヒ素やアンチモンを分離除去することは，現状ではエネルギー的にもコスト的にも見合いません。このような状況を鑑みれば，太陽光パネルのガラス循環については，本来製造の段階から使用済み後の循環を見据えた構想が立てられるべきではないかと考えます。再生可能エネルギーのデバイスとして，またその使用によりカーボンニュートラルに貢献する太陽光パネルが，製造過程において使用済み後の循環のことが何ら意識されていないことは残念です。

回収されたガラスをガラスファイバーに再利用する際にも，相当のガラス純度が求められるため，金属やプラスチックがガラスに混入しないように入念に分離することが求められます。化学系プロセスであれば，サプライチェーンさえ構築されれば，ガラスファイバーへのリサイクルが可能な純度のガラスを精製することが可能です。同様に選別系や解体系においても高精度で純度の高いガラスを分離することが，今後の技術的課題です。

回収されたガラスを耐火物，タイル，セラミックへの添加物として使用する際には，ガラスファイバーに比べれば多少の金属やプラスチックの混入が許容される場合もありますが，それらが着色や強度等にどのように影響するかは不明な点も多く，さらなる検討が必要です。

いずれにしても，ガラスはそれほど高価な材料ではないため，しっかりと循環の仕組みを構築しなければ，現状の経済性では最終処分場へ廃棄されるケースが多くなってしまいます。分離技術の低エネルギー化や低コスト化のみならず，ガラスを循環させることのできるサプライチェーンの構築や，製造側と再生側の強い連携など，循環の仕組みづくりが強く求められています。

太陽光パネル資源循環におけるもう一つの課題として，銅や銀を回収した後の樹脂やシリコンの利用があります。樹脂はフッ素を含んでいるため，現状では排ガスからのフッ素回収を有するプロセス内でサーマルリサイクルを行うことが求められます。私たちはカルシウム材を用いたフッ素回収についても検討を行ってきましたが，その研究開発にも第 6 章で紹介する地球化学シミュレーションは有用です [50,51]。

樹脂のマテリアルリサイクル促進は，太陽光パネルのみならず世界的に共通した課題ですが，製造の段階から循環を意識した材料設計に移行しなければ，現状ではその課題解決は困難です。シリコンは化学的処理によって再生させることが可能ですが，現状ではエネルギー的にもコスト的にも見合いません。別なプロセスで触媒的に再利用するようなことは考えられますので，シリコンに関しても循環利用へのさらなる可能性が模索されるとよいと思います。

2.2.2　リチウムイオン電池の資源循環

再生可能エネルギーの十分な利用のためには，何らかの蓄エネルギーの技術がセットで必要となります。蓄電池では，エネルギー密度や安全性の観点から種々の次世代型蓄電池開発が行われていますが，当面の間，特に資源循環を考察する上で主流となるのはリチウムイオン電池 (Lithium ion battery, LiB) です。LiB は既にスマートフォンやノートパソコンなどのモバイル端末には欠かせない蓄電池となっていますが，今後はカーボンニュートラル政策とも相まって電気自動車を含む各種電動車への需要拡大が見込まれています。前出の図 1.6 や 1.7 に示した IEA の報告においても，カーボンニュートラルに伴う所要鉱物量の増加には電気自動車や LiB の影響が大きいことを紹介しました。

LiB の構成部材の基本は，正極材と負極材がセパレータを介してセットになったシートです。この 3 枚セットのシートが巻子状に電池に収められている巻回体型と，何層にも積層されている積層型（ラミネート型）が構造の主流となっています。

LiB にはいくつかの種類がありますが，現状では，正極材には集電箔としてアルミニウム，正極活物質粒子としてコバルト，ニッケル，マンガンが多く使用されています。また負極材には集電箔として銅，負極活物質粒子としてカーボンが使用されています。現状では，比較的資源価値の高いコバルトやニッケル，そして銅の回収がリサイクルの対象となっています。将来的にはリチウムの枯渇に対する懸念も提唱されていますので，それらを見据えたリチウム回収プロセスに対しても，いくつか研究開発が進んでいます。

しかし，現状のコバルトやニッケルの資源価格からすれば，リサイクルや有害元素処理にかかるコストと資源回収による利益を天秤にかけた場合，処理コストの方が大きい状態にあります。LiB にはフッ素や有機溶媒など，適切な処理をしなければ環境汚染の原因となり得る物質も含まれているからです。したがって，これまでサーキュラー・エコノミーの概念を用いて紹介したように，LiB においてもその持続可能な循環システムを考えるにあたっては，LiB の元素の経済的価値だけではない「全体的な価値」をいかに再利用し，経済的に見合う循環を達成するかという考え方が重要になります [52,53]。

車載用の LiB のライフサイクルは，図 2.7 に示す通りです。まずは電池の機能を余すところなく使用するために，徹底的なリユースを試みます。そのためには，使用済み電池の残存価値を瞬時に精度よく把握するための適切な診断技術開発が求められます。診断技術については種々の技術開発が試みられていますが，課題は，個々の電池に解体することなくパッケージのまま，短時間に，精度よく，可能な限りセルや材料単位で，電池の劣化状況が把握されることです。自動車の場合には使用中の電池使用状況が記録されており，それらの情報を適切な形で使用済み電池の劣化診断に利用すれば，その後の適切なライフサイクル選定に役立ちます。このように使用中の情報を DX（デジタルトランスフォーメーション）技術にて適切な形で資源循環に活用することは，電池に限らず資源循環を活性化する概念として，とても期待されています。

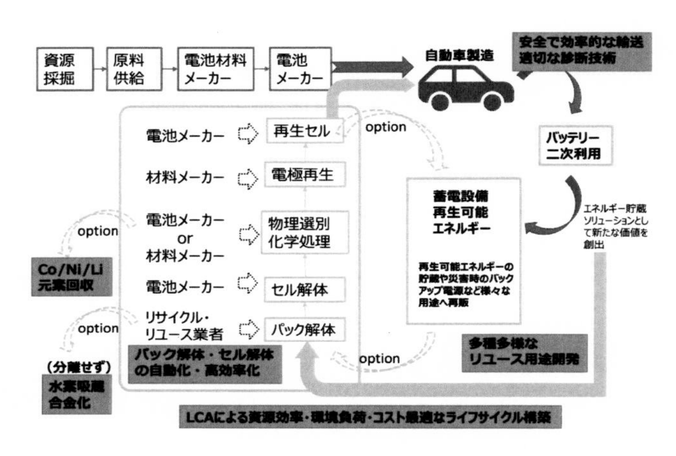

図 2.7　リチウムイオン電池のライフサイクル [53]

リユースに値する残存価値を有するリチウムイオン電池は，車載用だけでなく，ゴーカートやバッテリーカーといった軽微車両用のほか，再生可能エネルギーと組み合わせた電力平滑化のための蓄電設備，定置用充電設備，非常用蓄電設備，など，多種多様な用途で再利用されることが期待されます。現在，様々な事業でその用途拡大のための実証事業が行われていますが，リユースを実現させるためには，多種多様な機能を求めるユーザーによる用途の多様化と，需要と供給をバランスさせる市場の形成が必要です。またそのための保障やトレーサビリティ確保も重要です。

自動車から取り外された電池をどのように安全に運搬するかについても議論されています。一般に，資源循環において回収は最もエネルギーとコストを要するプロセスの一つですが，LiB の場合にはさらにそれを安全に運搬することが求められます。　自動車からの LiB の解体，そして解体後のパッケージからセルへと解体する作業は，現状では人手による重労働を要します。ネジの本数削減や向きの統一など，ある程度の易分解設計は進んでいますが，それなりの重量がある電池パッケージに対し，姿勢を変えつつ，短絡・感電防止作業を伴う安全対策をしながら配線外しやカット作業を行い，1つずつ電池セルに分解していく手作業はやはり重労働で，熟練者でも電池パッケージ1台当たり10分強の時間を要します。近未来的にはその自動化が強く求められています。

一般に，設計図が入手可能な自社製品の解体自動化は比較的容易であり実用例もありますが，使用済み製品のように多種多様な製品の場合は困難を伴います。多種多様な製品に対応できる汎用的な画像解析と自動解体技術の開発を進めるのも一手ですが，製造時の情報を適切な形で資源循環側に受け渡す仕組み作りも強く求められます。

LiBはカーボンニュートラルに向けて最も注目されている技術開発の一つですが，その製造のみならず資源循環も，各企業の戦略に基づいた競争領域となりつつあります。2020年12月にはEU内市場の産業用，自動車用，電気自動車用，ポータブルの全ての電池を対象として，LiBに対するEU法の改正案が提案されています。その中では，LiBに対してカーボンフットプリントの申告を義務化し，使用後のリサイクル率を定量的に規制するとともに，製造段階での素材に対してもリサイクル材の使用を義務付けることを検討し，それらの規制に準拠したもののみEU市場内への導入を認めるという方針が示されています。このことは，今後は環境負荷が低いと認定されたLiBのみが市場に受け入れられるという，これまでとは全く発想の異なる基準によって製品の差別化が進む可能性を示唆しています。そして環境負荷の低さを判断する定義の中に，ライフサイクル全体の温室効果ガス排出量の低さとともに，資源循環ルートの確保やリサイクル材の使用が含められる可能性があります。

しかし一方で，リサイクルプロセスでは不純物を除去し有用な元素を高い純度で回収するために種々の分離プロセスを繰り返す必要があり，それなりにエネルギーを要し，場合によっては温室効果ガスを排出せざるを得ません。したがって，LiB全体のライフサイクルにおいて，リサイクルプロセスをも含めた低エネルギー化をどのように図るのかについて，真剣に考えなければいけない段階となっています。

電池としての機能を十分に使用し，いよいよ電池としての機能を果たさなくなった使用済みLiBは，リサイクルのために分離されます[54-57]。

現状主流となっている液系 LiB は，5〜20 %のコバルト，5〜10 %のニッケル，5〜7 %のリチウム，5〜10 %の銅，アルミニウム，鉄などのベースメタル，15 %ほどの有機物，7 %ほどのプラスチックを含みます。これらに関し，リサイクルとして既にサプライチェーンがある程度構築されている鉄や銅のベースメタルリサイクルを主軸として，経済的に比較的価値の高いコバルト，ニッケルの回収を目指したプロセスが構築されています。

LiB には，電解質の六フッ化リン酸リチウムや，活物質粒子バインダのポリフッ化ビニリデンに由来するフッ素も含有されるので，環境に配慮した処理が必要となります。さらに液系 LiB のリサイクルプロセスでの最大の懸念事項は，有機系電解質に由来する爆発性です。したがって，製品から解体された LiB のリサイクルプロセスの最初の操作においては，放電や焙焼といった，電池を失活させることが重要です。

リサイクルのための分離では，物理的分離技術と化学的分離技術とを組み合わせて，可能な限り所要エネルギーを小さくする必要があることは既に紹介しました。日本では，爆発を防ぐという安全面と，有機物除去と金属濃縮，さらに正極活物質内で比較的経済価値が高い元素であるコバルトやニッケルを後段の酸浸出に有利な形態に制御するといった目的から，最初に焙焼するのが一般的です。そのプロセスフローの例は図 2.8 に示す通りです。

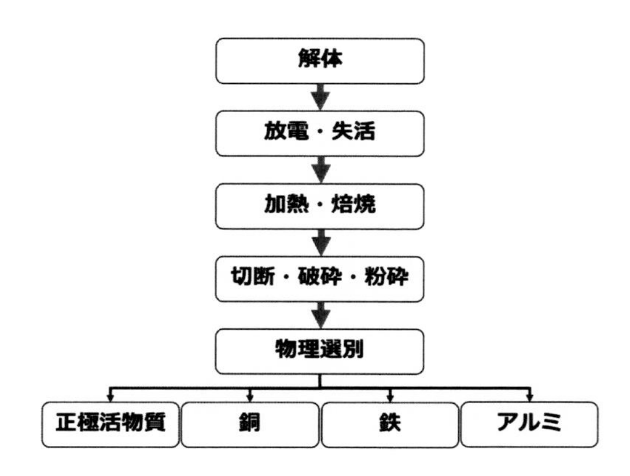

図 2.8　リチウムイオン電池のリサイクルプロセスの例 [19]

焙焼とは，金属が溶融しない程度に空気の存在下で燃焼させるプロセスのことを言います。焙焼プロセスは上述のように多様な目的を含んでいて，得られた金属の形態や不純物の状況が後段の分離プロセスのコストや環境負荷に大きく影響するので，プロセスごとに様々な温度，焙焼雰囲気，時間などを工夫して最適化に取り組んでいます。私たちも焙焼プロセスがその後の粉砕や物理選別に及ぼす影響を研究しましたが，これらの考察にも第5章で紹介する粉体シミュレーションは有用です [58,59]。焙焼の後，物理選別にてコバルトやニッケルを分離濃縮し，銅の濃縮物は製錬原料とし，コバルトやニッケルはさらに酸浸出と溶媒抽出を経て硫酸塩として再び電池材料にする，あるいはさらに電解精製を経て金属としてリサイクルするというのが，一般的な分離プロセスです。

これらのプロセスでは，コバルト，ニッケル，銅，あるいは製品躯体の鉄といった元素をリサイクルすることを目的としています．マンガンについては，回収は可能ですが現状では元素リサイクルは経済的に見合わないとされています。また，リチウムについても，焙焼の方法を工夫すれば回収可能ですが，高温での分離プロセスでロスが生じ，やはり現状では元素回収は経済的に見合いません。なお，焙焼の後，あるいは焙焼とは別に還元炉にて金属濃縮物を得るというプロセスを選定する場合もあります。その場合には，マンガンやリチウムの回収には別の工夫が必要です。

図 2.9 は，今後予想される LiB 正極材の資源循環の流れです。これまでに紹介したように，現状で整備されつつあるリサイクルプロセスは外側のループである集約型大量処理プロセスです。図中に課題①と記載した通り，リサイクルプロセスの前には，製品からの LiB の安全な解体と，サーキュラー・エコノミーの概念にあるような LiB の多種多様なライフサイクルを決定するための，迅速で正確な診断方法の確立に対する課題があります。LiB セルまで解体された後には，課題②と記載した通り，多種多様な元素を対象に，低エネルギーかつ低コストで高い回収率を達成するプロセスを構築する必要があります。この外側のループは，サーキュラー・エコノミーの概念でも一番外側に位置する，元素回収リサイクルループです。どのような製品であっても，循環の後にいずれはこの外側のループへ到達しますので，これをしっかりと確立しておくことは重要です。

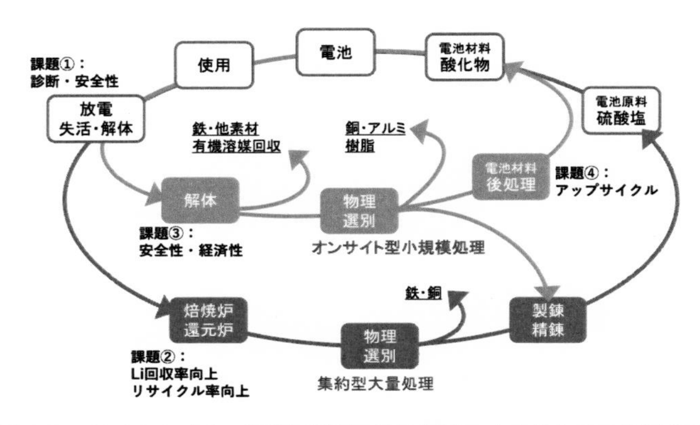

図 2.9　リチウムイオン電池正極材の資源循環の方向性とその課題 [60]

サーキュラー・エコノミーの概念に照らし合わせれば，さらに内側の多重ループを確立することもまた重要です。ここに記載した内側のループは，正極活物質粒子を酸化物のまま電池材料へと再利用する，オンサイト型小規模処理プロセスです [60]。これを実現するためには，焙焼することなく失活させて，何らかの機械的方法でそのまま解体する必要があります。したがって最大の課題は，図中に課題③と示した通りその安全性と経済性をどのように確保するかという点です。無人自動化された解体プロセスか，水中での物理選別プロセスが解になる可能性が高いと考えられます。これらのプロセスでは，リチウムやアルミニウムもロスなく回収可能であるほか，活物質粒子も化学的に変質させずに回収可能であることから，元素ではなく粒子として LiB に再利用されることが期待されます。私たちは，電気パルス印加によってアルミニウムと正極活物質粒子とを高精度に分離する方法を研究開発していますが，その考察にも第 3 章で紹介する電場シミュレーションが有用です [23,27]。

2.2.3　プラスチックの資源循環

これまで金属資源循環を中心に紹介してきましたが，製品では金属は必ずといってよいほどプラスチックとともに使用されます。プラスチックの資源循環もまた，海洋マイクロプラスチック問題の顕在化などによって重要性が高まっています [61]。2015 年に発表された J. R. Jambeck らの報告によれば，世界では年間に約 3 億 1 千万トンのプラスチック等が生産され，世界全体で 480 万～1270 万トンが海洋へ流出していると推計されています [62]。また，Geyer らは，1950 年から 2015 年までに 83 億トンのプラスチック等が生産されたが，そのうち 63 億トンが使用済みとなり，そのうちリサイクルされたものはわずか 8 %で，焼却処分されたものが 12 %，残り 79 %は埋め立てなど地球上に蓄積されていると推算しています [63]。これら地球上に蓄積されているプラスチックが，海洋マイクロプラスチック汚染源であると推察されます。

日本では，2019 年のデータによると，年間 850 万トンのプラスチックが廃棄され，そのうち 22 %がマテリアルリサイクル，3 %がケミカルリサイクル，60 %がサーマルリサイクルされており，残り 15% は単純焼却や埋め立て処理されています [64]。日本では，マテリアルリサイクルやケミカルリサイクルの割合を向上させることや未利用プラスチックの割合を減少させることが課題となっています。2022 年 4 月より，日本では「プラスチックに係る資源循環の促進等に関する新法律」が施行されました。

先に示したサーキュラー・エコノミーの概念の重要な点は，バタフライ・ダイヤグラムにおける右側の枯渇性資源と左側の再生可能資源とに分けて循環を管理することです。できるだけ内側のループの循環を充実させて低エネルギー化すると同時に，時間的概念が全く異なっている種々のループをどのように管理するかということが課題であることは既に述べました。プラスチックは，この左右のループの両方に関係し得る素材であるという点が，その他の金属をはじめとする無機系素材と大きく異なる点です。

N. Kawashima らは，図 1.10 に示したバタフライ・ダイヤグラムをプラスチック用に修正した図を提案しています [64]。右側のループに化石燃料由来のプラスチックを，左側のループにバイオプラスチックや生分解性プラスチックを描いて，内側のループから順にリユース (bottle to bottle)，マテリアルリサイクル，ケミカルリサイクル，サーマルリサイクルとしています。この概念は，石油由来のプラスチックとバイオプラスチックとは厳密に分けて循環管理されるべきであることを示しています。

バイオプラスチックとは，微生物によって生分解される生分解性プラスチックとバイオマスを原料に製造されるバイオマスプラスチックの総称で，生分解性であることとバイオマス由来であることとは全く異なる概念ですが，時折これらが混同されて使用される場合が見受けられます。バイオマスプラスチックは再生可能なバイオマス資源を原料に得られるプラスチックで，それを焼却処分した場合でもカーボンニュートラルに寄与するとされている原料です。一方，生分解性プラスチックは，微生物の働きによって分子レベルまで分解し，最終的には二酸化炭素や水となって自然界に循環する性質を有するプラスチックのことを言います。

マイクロプラスチック問題を解決するために生分解性プラスチックの研究開発に注目が集まっていますが，その社会実装には注意すべき点があります。まず，基本的にはプラスチックはサーキュラー・エコノミーの概念図が示すように「循環を制御，管理しながら使用すべき」ものであるということです。生分解性プラスチックには種々の種類があり，その種類と，土壌や水環境によって分解速度は様々であるため，用途を見極めて使用する必要があります。また，生分解性プラスチックと従来のプラスチックは，使用中も使用後も混ぜるべきではありません。私たちは，生分解性プラスチックが万が一汎用プラスチックに混入した場合に，物理選別によって分離可能かどうかについて検討していますが [61]，このような考察にも第 5 章に示す粉体シミュレーションが有用です [65]。

海洋プラスチック汚染問題が話題となった折に，急にプラスチック不買運動が起こったり，一部商品が紙に置き換えられたりしたことがありました。もちろん，無駄な物質を大量消費する価値観は今や改められるべきであることはこれまで紹介した通りですが，人類が Well-being に生活するために必要なプラスチックは，「循環を制御，管理して」使用する方法を考えるべきだと考えます。全ての環境負荷は，物質そのものに何ら罪はなく，その物質を「制御，管理して」使用できなかった人類に責任があると考えます。

参考文献

[1] 『学術会議叢書 27 持続可能な社会への道—環境科学から目指すゴール』（大政謙次 他 編），pp.101-113，日本学術協力財団（2020）．

[2] 化学工学会環境部会リサイクル分科会：『最近の化学工学 69 バリューチェーンと単位操作から見たリサイクル』（所千晴，中村崇 監修，化学工学会関東支部 編），三恵社（2020）．

[3] 山口育孝：『学研まんがでよくわかるシリーズ 168 銅のひみつ』（YHB 編集企画 構成），学研プラス（2020）．
https://kids.gakken.co.jp/himitsu/library168/（2022 年 3 月 7 日参照）

[4] 所千晴，大和田秀二：希少金属回収のための粉砕シミュレーション，『粉体技術』，Vol.6，No.6，pp.607-611（2014）．

[5] 『分離プロセスの最適化とスケールアップの進め方』（技術情報協会 編），pp.84-92，技術情報協会（2019）．

[6] 所千晴：粒子破壊モデルを組み込んだ離散要素法による粉砕プロセスのシミュレーション—High Pressure Grinding Roll への適用—，『環境資源工学』，Vol.68，No.3，pp.137-142（2022）．

[7] Granata, G.，Takahashi, K.，Kato, T.，Tokoro, C.：Mechanochemical activation of chalcopyrite: Relationship between activation mechanism and leaching enhancement, *Minerals Engineering*，Vol.131，pp.280-285（2019）．

[8] Kato, T.，Granata, G.，Tsunazawa, Y.，Takagi, T.，Tokoro, C.：Mechanism and kinetics of enhancement of cerium dissolution from weathered residual rare earth ore by planetary ball milling, *Minerals Engineering*，Vol.134，pp.365-371（2019）．

[9] Kato, T.，Tsunazawa, Y.，Liu, W.，Tokoro, C.：Structural Change Analysis of Cerianite in Weathered Residual Rare Earth Ore by Mechanochemical Reduction Using X-Ray Absorption Fine Structure, *Minerals*，Vol.9，pp.267-278（2019）．

[10] Kato, T., Iwamoto, M., Tokoro, C.：Investigation of Cerium Reduction Efficiency by Grinding with Microwave Irradiation in Mechanochemical Processing, *Minerals*，Vol.12，No.2，p.189（2022）．

[11] 所千晴：金属資源循環とサーキュラー・エコノミー，『化学工学』，Vol.86，No.2，pp.61-64（2022）．

[12] 所千晴：金属資源のリサイクル技術—廃電子基板からのタンタル回収に適した単体分離法の検討—，『粉砕』，No.60，pp.55-59（2017）．

[13] 所千晴，大和田秀二：使用済み小型家電からのレアメタル回収に適した中間処理技術，『金属』，Vol.87，No.8，pp.11-17（2017）．

[14] 所千晴：資源循環における固体分離濃縮技術の概要，『材料の科学と工学』，Vol.54，No.2，pp.6-9（2017）．

[15] 所千晴：都市鉱山のリユース/リサイクルを支える解体技術，『化学工学』，Vol.82，No.8，pp.418-420（2018）．

[16] Tsunazawa, Y., Tokoro, C., Matsuoka, M., Owada, S., Tokuichi, H., Oida, M., Ohta, H.：Investigation of Part Detachment Process from Printed Circuit Boards for Effective Recycling Using Particle-Based Simulation, *Materials Transactions*, Vol.57, No.12, pp.2146-2152（2016）.

[17] Tsunazawa, Y., Hisatomi, S., Murakami, S., Tokoro, C.： Investigation and evaluation of the detachment of printed circuit boards from waste appliances for effective recycling, *Waste Management*, Vol.78, pp.474-482（2018）.

[18] 所千晴：持続可能な社会に向けた新リサイクル技術の開発,『工業材料』, Vol.69, No.10, pp.20-24（2021）.

[19] 所千晴：新規電気パルス法による分離技術が拓く資源循環の未来,『MDB 技術予測レポート』, 日本能率協会総合研究所（2022 発行予定）.

[20] 所千晴：電気パルス分離技術が拓く未来の資源循環,『クリーンテクノロジー』, Vol.32, No.1, pp.1-4（2022）.

[21] Andreas, U., Jirestig, J., Timoshkina, I.：Liberation of minerals by high-voltage electrical pulses, *Powder Technology*, Vol.104, pp.37-49（1999）.

[22] Owada, S., Suzuki, R., Kamata, Y., Nakamura, T.：Novel pretreatment process of critical metals bearing E-scrap by using electric pulse disintegration, *Journal of Sustainable Metallurgy*, Vol.4, pp.157-162（2018）.

[23] Tokoro, C., Lim, S., Teruya, K., Kondo, M., Mochidzuki, K., Namihira, T., Kikuchi, Y.： Separation of Cathode Particles and Aluminum Current Foil in Lithium-Ion Battery by High-voltage Pulsed Discharge Part I: Experimental Investigation, *Waste Management*, Vol.125, pp.58-66（2021）.

[24] Lim, S., Imaizumi, Y., Mochidzuki, K., Koita, T., Namihira, T., Tokoro, C.： Recovery of Silver from Waste Crystalline Silicon Photovoltaic Cells by Wire Explosion, *IEEE Transactions on Plasma Science*, Vol.49, No.9, pp. 2857-2865（2021）.

[25] Kondo, M., Lim, S., Koita, T., Namihira, T., Tokoro, C.：Application of electrical pulsed discharge to metal layer exfoliation from glass substrate of hard-disk platter, Results in Engineering, Vol.12, 100306（2021）.

[26] Koita, T., Kondo, M., Lim, S., Inutsuka, M., Namihira, T., Oyama, S., Tokoro, C.：Application of simple notch to selective separation of adherend bonded with resin adhesive by pulsed discharge in air, *IEEE Transactions on Plasma Science*, Vol.49, No.12, pp.3860-3872（2021）.

[27] Teruya, K., Lim, S., Mochidzuki, K., Koita, T., Mizunoto, F., Asao, M., Namihira, T., Tokoro, C.：Utilization of underwater electrical pulses in separation process for recycling of positive electrode materials in lithium-ion batteries： Role of sample size, *International Journal of Plasma Environmental Science and Technology*, Vol.16, No.1, e01003（2022）.

[28] Kikuchi, Y. , Suwa, I., Heiho, A., Dou, Y., Lim, S., Namihira, T., Mochidzuki, K., Koita, T., Tokoro, C.：Separation of cathode particles and aluminum current foil in lithium-ion battery by high-voltage pulsed discharge Part II: Prospective

life cycle assessment based on experimental data, *Waste Management*, Vol.132, pp.86-95（2021）.

[29] 志賀美英：『鉱物資源論』，九州大学出版会（2003）.

[30] 所千晴：安全で効率のよい鉱山廃水の処理，『化学と教育』，Vol.62, No.4, pp.190-191（2014）.

[31] 所千晴：国内における坑廃水処理の現状と展望，『エネルギー・資源』，Vol.36, No.4, pp.241-245（2015）.

[32] 所千晴：わが国における休廃止鉱山廃水処理の現状と展望，『化学装置』，Vol.60, No.8, pp.17-22（2018）.

[33] 所千晴：休廃止鉱山廃水処理の現状と展望，『環境資源工学会誌』，Vol.66, No.2, pp.57-61（2019）.

[34] 所千晴，加藤達也：坑廃水処理における水酸化物への共沈機構，『地球化学』，Vol.54, No.1, pp.5-14（2020）.

[35] Tokoro, C., Yatsugi, Y., Koga, H., Owada, S.：Sorption mechanisms of arsenate during coprecipitation with ferrihydrite in aqueous solution. Environmental Science and Technology, Vol.44, No.2, pp.638-643（2010）.

[36] 所千晴，加藤達也：X 線吸収微細構造による水酸化第二鉄界面における有害陰イオン除去機構の考察，『Journal of Society of Inorganic Materials, Japan, JAPAN』，Vol.26, pp.156-165（2019）.

[37] Tokoro, C., Kadokura, M., Kato, T.：Mechanism of arsenate coprecipitation at the solid/liquid interface of ferrihydrite: A perspective review, *Advanced Powder Technology*, Vol.31, pp.859-866（2020）.

[38] Olalekan, Z. Y., Fuchida, S., Tokoro, C.：Insight into the Mechanism of Arsenic(III/V) Uptake on Mesoporous Zerovalent Iron–Magnetite Nanocomposites: Adsorption and Microscopic Studies, *ACS Applied Materials & Interfaces*, Vol.12, No.44, pp.49755-49767（2020）.

[39] Tokoro, C.：Removal mechanism in anionic coprecipitation with hydroxides in acid mine drainage treatment, Resources Processing, Vol.62, No.1, 3-9（2015）.

[40] Tokoro, C., Sakakibara, T., Suzuki, S.：Mechanism investigation and surface complexation modeling of zinc sorption on aluminum hydroxide in adsorption/coprecipitation processes, *Chemical Engineering Journal*, Vol.279, pp.86-92（2015）.

[41] Suzuki, K., Kato, T., Fuchida, S., Tokoro, C.：Removal mechanisms of cadmium by δ-MnO2 in adsorption and coprecipitation processes at pH 6, *Chemical Geology*, Vol.550, 119744（2020）.

[42] Tajima, S., Fuchida, S., Tokoro, C.：Coprecipitation mechanisms of Zn by birnessite formation and its mineralogy under neutral pH conditions, *Journal of Environmental Sciences*, Vol.121, pp.136-147（2022）.

[43] Fuchida, S., Tajima, S., Nishimura, T., Tokoro, C.：Kinetic Modeling and Mechanisms of Manganese Removal from Alkaline Mine Water using a Pilot Scale Column Reactor, *Minerals*, Vol.12, No.1, 99（2022）.

[44] Fuchida, S., Suzuki, K., Kato, T., Kadokura, M., Tokoro, C.：Understanding the biogeochemical mechanisms of metal removal from acid mine drainage with a subsurface limestone bed at the Motokura Mine, *Japan*, *Scientific Reports*, Vol.10, 20889（2020）.

[45] 髙谷雄太郎，淵田茂司，濱井昂弥，堀内健吾，正木悠聖，所千晴：開放型石灰路-アルカリ路による酸性坑廃水の処理予測とパッシブトリートメント導入に向けた示唆，『Journal of MMIJ』，Vol.138，No.2，pp.19-27（2022）.

[46] 所千晴：太陽光パネルのリサイクルプロセス，『材料の科学と工学』，Vol.58，No.4，pp.130-133（2021）.

[47] Tokoro, C., Nishi, M., Tsunazawa, Y.：Selective grinding of glass to remove resin for silicon-based photovoltaic panel recycling, *Advanced Powder Technology*, Vol.32，No.3，pp.841-849（2021）.

[48] Tokoro, C., Lim, S., Sawamura, Y., Kondo, M., Mochidzuki, K., Koita, T., Namihira, T., Kikuchi, Y.：Copper/Silver Recovery from Photovoltaic Panel Sheet by Electrical Dismantling Method, *Int. J. of Automation Technology*, Vol.14, No.6，pp.966-974（2020）.

[49] 織田健嗣：『ガラス熔解工学』，ガラス技術研究所（2020）.

[50] Morita, M., Granata, G., Tokoro, C.：Recovery of Calcium Fluoride from Highly Contaminated Fluoric/Hexafluorosilicic, *Materials Transactions*，Vol.59，No.2, pp.290-296（2018）.

[51] Takaya, Y., Inoue, S., Kato, T., Fuchida, S., Tsujimoto, S., Tokoro, C.：Purification of calcium fluoride (CaF2) sludge by selective carbonation of gypsum，*Journal of Environmental Chemical Engineering*，Vol.9，No.1，104510（2021）.

[52] 所千晴：循環型社会におけるリチウムイオン電池リサイクルのこれから，『クリーンテクノロジー』，Vol.29，No.9，pp.22-25（2019）.

[53] 『EV 用リチウムイオン電池のリユース・リサイクル 2021―特性，規格，安全性とビジネス動向―』（シーエムシー・リサーチ 編），pp.217-226，シーエムシー・リサーチ（2021）.

[54] 所千晴：蓄電池リサイクル高度化のための物理的分離技術の進展，『工業材料』，Vol.67, No.11，pp.75-79（2019）.

[55] 所千晴：リチウムイオン電池のリサイクルプロセスと今後の展望，『化学装置』，9 月号，pp.65-70（2020）.

[56] 所千晴：スマートエネルギーを支える資源循環の現状と課題，『金属』，Vol.91，No.1，pp.61-66（2021）.

[57] 所千晴：リチウムイオン電池リサイクルに寄与する物理的分離濃縮技術，『車載テクノロジー』，vol.8，No.4，pp.37-40（2021）.

[58] 堀内健吾，松岡光昭，所千晴，大和田秀二，薄井正治郎：磁選による使用済みリチウムイオン電池からのコバルト回収に適した加熱条件の検討，『化学工学論文集』，Vol.43, No.4，pp.213-218（2017）.

[59] 松岡光昭，堀内健吾，所千晴，大和田秀二，薄井正治郎：使用済みリチウムイオン電池からの分級によるコバルト回収に適した加熱プロセスおよび粉砕プロセスの検討，『ス

マートプロセス学会誌』，Vol.5，No.6，pp.358-363（2016）．

[60] 所千晴：LiB からの高効率元素回収のための分離濃縮技術『車載用 LiB のリユース／リサイクル技術と規制動向』（情報機構 編），pp.112-121，情報機構（2022）．

[61] 所千晴，高谷雄太郎，安藤裕二，中村友紀，千葉健，宮武信雄：生分解性プラスチック，特に PHBH のマテリアルリサイクルへの影響，『環境資源工学会誌』，Vol.68，No.3，pp.143-149（2022）．

[62] Jambeck, J. R., Geyer, R., Wilcox, C., Siegler, T. R., Perryman, M., Andrady, A., Narayan, R., Law K. L.：Plastic waste inputs from land into the ocean, *Science*, Vol.347，pp.768-771（2015）．

[63] Geyer, R., Jambeck, J. R., Law, K. L.：Production, use, and fate of all plastics ever made, *Science Advances*, Vol.3，No.7，e1700782（2017）．

[64] Plastic Waste Management Institute Japan：Plastic Products, Plastic Waste and Resource Recovery 2019, *PWMI Newsletter*, pp.4-5（2019）．
http://www.pwmi.or.jp/ei/siryo/ei/ei_pdf/ei50.pdf（2022 年 3 月 7 日参照）

[65] 新田彩乃，綱澤有輝，所千晴：DEM-CFD によるプラスチック高精度分離を目的とした水流型比重選別機における粒子供給速度の影響評価，『粉体工学会誌』，Vol.58，No.3，pp.100-110（2021）．

第3章

分離技術開発のための電磁界シミュレーション

電磁界シミュレーションは，エンジニアや科学者が静的，低周波，過渡領域での電場と磁場を理解，予測，設計するために使用されます。この種のシミュレーションにより，ユーザーはターゲット設計の電磁場分布，電磁力，電力損失を迅速かつ正確に予測できます。

電気パルスによる分離現象を理解して器具を設計し，機構を解明するためには，対象のどこをどのように通電するかを分析する電磁界シミュレーションが有効です。この章では，電気パルス現象に電磁界シミュレーションを適用するための基礎理論と，そのいくつかの適用例について紹介します。

3.1　電磁界シミュレーションの概要

この節では，電磁界シミュレーションの理論の概要を説明します。まず，マクスウェル方程式，準静的近似とローレンツ項といった重要項目を順に説明します [1]。

3.1.1　マクスウェル方程式

マクロレベルでは，電磁界解析は，特定の境界条件に基づいてマクスウェル方程式を解く問題です。マクスウェル方程式は，基本的な電磁量の関係を表す微分または積分形で書かれた方程式のセットです。これらの方程式を構成するパラメータは次の通りです。

電界強度 $\boldsymbol{E}$
電気変位または電束密度 $\boldsymbol{D}$
磁場の強さ $\boldsymbol{H}$
磁束密度 $\boldsymbol{B}$
電流密度 $\boldsymbol{J}$
電荷密度 ρ

方程式は，微分形または積分形に数式化できます。微分方程式は有限要素法で扱える形式のため，この章では微分方程式で説明します。一般的な時変フィールドの場合，マクスウェル方程式は次のように書くことができます。

$$\begin{aligned}\nabla \times \boldsymbol{H} &= \boldsymbol{J} + \frac{\partial \boldsymbol{D}}{\partial t} \\ \nabla \times \boldsymbol{E} &= -\frac{\partial \boldsymbol{B}}{\partial t} \\ \nabla \cdot \boldsymbol{D} &= \rho \\ \nabla \cdot \boldsymbol{B} &= 0\end{aligned} \tag{3.1}$$

最初の 2 つの方程式は，それぞれマクスウェル–アンペールの法則，ファラデーの法則とも呼ばれます。3 番目と 4 番目の方程式は，ガウスの法則の２つの形式で，それぞれ電気と磁気の形式に相当します。

もう一つの基本的な方程式は，連続の方程式です。

$$\nabla \times \boldsymbol{J} = -\frac{\partial \rho}{\partial t} \tag{3.2}$$

上記の５つの方程式のうち，独立しているのは３つだけです。最初の２つは，ガウスの法則の電気的形式または連続の方程式のいずれかと組み合わされて，独立したシステムを形成します。

3.1.2 閉鎖系の構成関係式

閉鎖系を取得するには，媒体の巨視的特性を説明する構成関係の一般化された形式が役立ちます。

$$\begin{aligned} \boldsymbol{D} &= \varepsilon_0 \varepsilon_{\mathrm{r}} \boldsymbol{E} + \boldsymbol{D}_{\mathrm{r}} \\ \boldsymbol{B} &= \mu_0 \mu_{\mathrm{r}} \boldsymbol{H} + \boldsymbol{B}_{\mathrm{r}} \\ \boldsymbol{J} &= \sigma \boldsymbol{E} + \boldsymbol{J}_{\mathrm{e}} \end{aligned} \tag{3.3}$$

ここで，ε_0 は真空の誘電率 ($= 8.854 \times 10^{-12}$ F/m)，μ_0 は真空の透磁率 ($= 4\pi \times 10^{-7}$ H/m)，σ は電気伝導率です。また，$\boldsymbol{D}_{\mathrm{r}}$ は電界がないときの変位である残留変位，$\boldsymbol{B}_{\mathrm{r}}$ は磁場がない場合の磁束密度である残留磁束密度，$\boldsymbol{J}_{\mathrm{e}}$ は外部で生成された電流密度です。

3.1.3 準静的近似とローレンツ項

マクスウェルの方程式の結論は，電流と電荷の時間の変化は電磁界の変化と同期しないということです。電界の変化は，入力の変化に比べて常に遅延し，これは電磁波の有限速度を示します。この効果を無視できると仮定すると，各瞬間の定常電流を考慮して電磁場を得ることができます。これは準静的近似と呼ばれます。時間の変動が小さく，シミュレーションの形状が波長よりもかなり小さい場合，近似は有効です。準静的近似 (quasi-static approximation) は，連続の方程式を $\nabla \cdot \boldsymbol{J} = 0$ と書くことができ，電気変位の時間微分 $\partial \boldsymbol{D}/\partial \mathrm{t}$ をマクスウェル–アンペールの法則で無視できることを意味します。

準静的近似にはジオメトリ的な動きの効果もあります。ある空間を速度 $\boldsymbol{v}$ で動くジオメトリを考えてみましょう。単位電荷ごとの力 $\boldsymbol{F}/q$ はローレンツ力の方程式によって表すことができます。

$$\frac{\boldsymbol{F}}{q} = \boldsymbol{E} + \boldsymbol{v} \times \boldsymbol{B} \tag{3.4}$$

これは，ジオメトリを移動する観測者にとって，荷電粒子にかかる力は電界 $\boldsymbol{E}' = \boldsymbol{E} + \boldsymbol{v} \times \boldsymbol{B}$ によって引き起こされたものとして解釈できることを意味します。したがって，導電性媒体中で観測者が見る電流密度は以下の通りになります。

$$\boldsymbol{J} = \sigma(\boldsymbol{E} + \boldsymbol{v} \times \boldsymbol{B}) + \boldsymbol{J}_{\mathrm{e}} \tag{3.5}$$

その結果，ファラデーの法則は変わらず，準静的システム (quasi-static systems) に対するマクスウェル–アンペールの法則は以下のように拡張されます。

$$\nabla \times \boldsymbol{H} = \sigma(\boldsymbol{E} + \boldsymbol{v} \times \boldsymbol{B}) + \boldsymbol{J}_{\mathrm{e}} \tag{3.6}$$

3.2　電気パルス放電の基礎理論

この節では，電気パルス放電の基礎理論の概要を説明します。まず，容量性エネルギー放電回路，表皮効果，機体の絶縁破壊といった重要項目を順に説明します。

3.2.1　容量性エネルギー放電

最も単純な形式のパルス発生器は，コンデンサまたはコンデンサバンクを使用して負荷に放電するものです。RLC からなる単純なコンデンサ放電回路を図 3.1 に示します。スイッチを投入することにより，初期電位 $V(0)$ で充電されたコンデンサ C のエネルギーが浮遊インダクタンス L を介して負荷 R に放電されます [2,3]。

スイッチが閉じているときに回路に流れる電流は，回路が減衰振動され

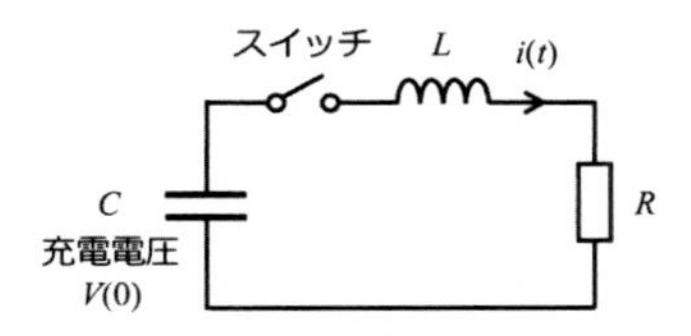

図 3.1　容量性放電回路

ているか，臨界制動されているか，過制動されているかによって異なる 3 つの式 (3.7) で与えられます。これらの式から，速い放電のためには，回路の浮遊インダクタンス L は回路が減衰振動になるように必ず小さくなければならないということを容易に推測できます。しかし，減衰振動回路では負荷 R でのパルスが振動することになります（図 3.2）。

$$
\begin{aligned}
&\text{(a)}\ i(t) = \frac{V(0)}{\omega_d L}\exp(-\alpha t)\sin\omega_d t \quad \omega_d^2 > 0 \quad \text{減衰振動} \\
&\text{(b)}\ i(t) = \frac{V(0)t}{L}\exp(-\alpha t) \quad \omega_d^2 = 0 \quad \text{臨界制動} \\
&\text{(c)}\ i(t) = \frac{V(0)}{\beta L}\exp(-\alpha t)\sinh\beta t \quad \omega_d^2 < 0 \quad \text{過制動}
\end{aligned}
\tag{3.7}
$$

$$
\alpha = \frac{R}{2L},\quad \omega_0 \quad \text{および} \quad \omega_d^2 = \omega_0^2 - \alpha^2 = -\beta^2
$$

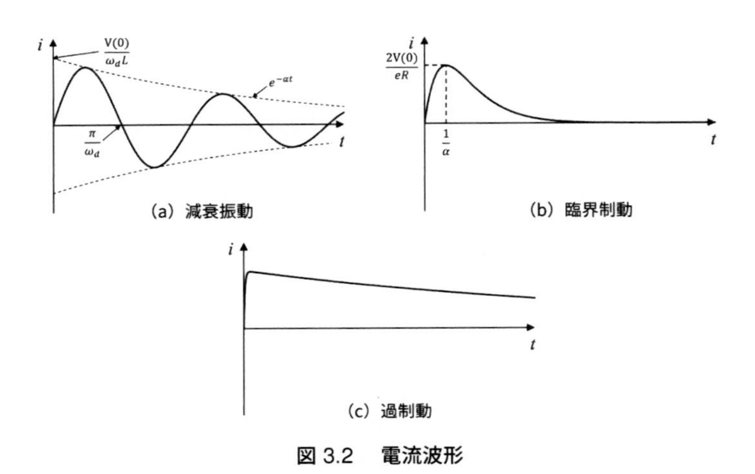

図 3.2　電流波形

さらに，アンダーダンピングのときは $\omega_d = \omega_0$ と近似でき，ピーク電流 I_p と振動周波数 f は次式となります。

$$I_p = V(0)\sqrt{\frac{C}{L}} \qquad \left(t = \frac{\pi}{2}\sqrt{LC}\text{のとき}\right) \tag{3.8}$$

$$f = \frac{1}{2\pi\sqrt{LC}} \tag{3.9}$$

3.2.2　表皮効果

導体中を大電流が瞬時に流れる場合，発生する磁界と電流の相互作用によって，実際に流れる電流の分布に偏りが生じます。すなわち，電流密度が大きい箇所と比較的小さい箇所が存在することになります。この現象は表皮効果と呼ばれています。本項では，導体中を大電流が流れるときに発生する表皮効果について説明します。周波数一定の交流での導体内の電流密度 $\boldsymbol{J}$ は，導体内の位置だけに依存する電流密度 $\boldsymbol{J}_0$ を用いて次のように表されます [4-7]。

$$\boldsymbol{J} = \boldsymbol{J}_0 \exp(j\omega t) \tag{3.10}$$

ここで，$\omega = 2\pi f$ です。導体内での電流密度は，導体の導電率を σ，透磁率を μ として

$$\nabla^2 \boldsymbol{J} = \sigma\mu\frac{\partial \boldsymbol{J}}{\partial t} \tag{3.11}$$

となるので，式 (3.10) を代入すると，

$$\nabla^2 \boldsymbol{J}_0 = j\omega\sigma\mu \boldsymbol{J}_0 \tag{3.12}$$

と表されます。

同様に，導体内の磁束についても同様の現象が見られます。導体内の磁束密度 $\boldsymbol{B}$ は,

$$\nabla^2 \boldsymbol{B} = \sigma\mu\frac{\partial \boldsymbol{B}}{\partial t} \tag{3.13}$$

で表されるので，周波数一定の交流で磁束密度は電流密度と同様に，導体内の位置だけに依存する磁束密度 $\boldsymbol{B}_0$ を用いて

$$\nabla^2 \boldsymbol{B}_0 = j\omega\sigma\mu\boldsymbol{B}_0 \tag{3.14}$$

となります。

いま，平らな表面を持つ導体が真空中に置かれ，一様な大きさの平等磁界が式 (3.15) のように発生していると仮定します。

$$\boldsymbol{H}_0 \exp(j\omega t) \tag{3.15}$$

このとき，導体の内部から表面に入る方向を x，磁界の方向を z とすると，電流は y 方向に流れ，発生している磁界は式 (3.16) のようになります。

$$\frac{\partial^2 \boldsymbol{B}_{0\mathrm{z}}}{\partial x^2} = j\omega\sigma\mu\boldsymbol{B}_{0\mathrm{z}} \tag{3.16}$$

これより解を求めると，

$$\boldsymbol{B}_z = \mu\boldsymbol{H}_0 \exp\left(-\sqrt{\frac{\omega\sigma\mu}{2}}x\right)\cos\left(\omega t - \sqrt{\frac{\omega\sigma\mu}{2}}x\right) \tag{3.17}$$

となります。導体内の電流密度は

$$\nabla \times \boldsymbol{H} = \boldsymbol{J} \tag{3.18}$$

と表されるので，導体内の電流密度は次のようになります。

$$\boldsymbol{J} = -\frac{\partial \boldsymbol{H}_\mathrm{z}}{\partial x} = \sqrt{\omega\sigma\mu}\boldsymbol{H}_0 \exp\left(-\sqrt{\frac{\omega\sigma\mu}{2}}x\right)\cos\left(\omega t - \sqrt{\frac{\omega\sigma\mu}{2}}x + \frac{\pi}{4}\right) \tag{3.19}$$

これは，導体内部の電流密度が指数関数的に減少することを示しています。式 (3.17) における $\sqrt{\frac{2}{\omega\sigma\mu}}$ は表皮深さといい，深さ 0 の箇所と比較して電流密度が $1/e$ 倍になる深さを意味します。

$$\text{表皮深さ}\,\delta = \sqrt{\frac{1}{\pi f \sigma\mu}} \tag{3.20}$$

3.2.3　絶縁破壊

気体，液体，固体および真空状態は低い電界では導電性を示しませんが，電界が強くなると様々な機構によって電子増殖が起こり，絶縁破壊が発生して絶縁性能を失うことになります。電子の増殖過程では，媒体の種類や電界分布だけでなく，周囲の温度や圧力などの様々な影響を受けます。したがって，絶縁破壊過程の定式化は一つの基礎式から導出することは困難です。中でも気体の絶縁破壊現象には，液体，固体，真空での絶縁破壊現象を理解する上で最も基本的な内容が含まれているので，ここでは気体の絶縁破壊現象について簡単に説明します [8,9]。

気体内で平行な 2 つの電極に電圧を印加すると，荷電粒子の移動により電流がわずかに流れます。印加される電圧を上げると，ほとんどの荷電粒子は反対側の電極に達し，電流はギャップ間の荷電粒子生成比によって決まる飽和電流値に達します。さらに電圧を上昇させると，電界によって加速された電子が中性気体と衝突し，衝突電離を起こします。その結果，ある電圧 V_b で電場内の電界によって加速された電子の数が，物質中の分子や原子をイオン化しながら幾何級数的に増えます。この電圧を絶縁破壊電圧または火花電圧，フラッシオーバー電圧といいます。また，気体の絶縁破壊電圧 V_b は気体圧力 p と電極間隔 d の積に依存し，この関係をパッシェンの法則といい，次のように表されます。

$$V_b = \frac{Apd}{\ln \frac{Bpd}{\ln\left(1+\frac{1}{\gamma}\right)}} \tag{3.21}$$

A，B は気体の種類によって決まる定数であり，γ は二次電子の放射率です。図 3.3 にランダムなパッシェン曲線を示します。空気中での絶縁破

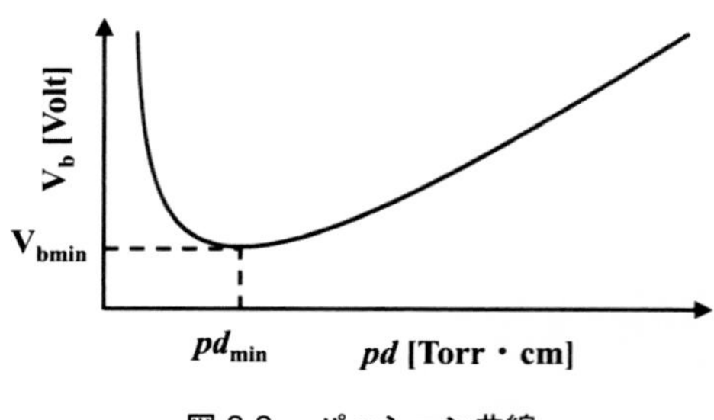

図 3.3　パッシェン曲線

壊電圧の最小値 $V_{b\,\mathrm{min}}$ は 330 V と知られており，このときの pd_{min} 値は 0.57 [Torr・cm] です。つまり，大気圧の 760 Torr では，電極間隔が 7.5 μm の場合に絶縁破壊が発生する電圧が元も小さく，その電圧は 330 V になるということです。これより長い電極間距離では，絶縁破壊電圧は電極間距離とともに増加します。

気体の絶縁破壊で考慮すべき重要な特性として，不平等電界でのコロナ放電現象と沿面放電現象があります。コロナ放電現象とは，電界が不平等のとき印加電圧を増加させると，高電界を作る電極付近で発光および電離が発生して部分絶縁破壊を引き起こす現象を言います。この状態で印加電圧をさらに増加させると，放電路が生じながら炎が発生して完全絶縁破壊に至ります。沿面放電現象とは，固体または液体と接触している部分の気体で絶縁破壊が起こる現象を言います。沿面放電は電極の形態，距離，周波数，誘電体表面の性質，気体の圧力および湿度などの影響を受け，放電開始時の電界強度は平行板よりも小さいことが知られています。

3.3 リチウムイオン電池分離への活用事例

本節では，電気パルス法を利用したリチウムイオン電池分離技術を簡単に紹介するとともに，技術開発において電磁界シミュレーションソフトウェアを活用した例を紹介します。ここで紹介する分離技術は，使用済みリチウムイオン電池 (LiB) から取り出した正極シートに単一パルス放電を印加することで，正極活物質粒子とアルミニウム (Al) 箔の分離をするものです（図 3.4）[10-12]。

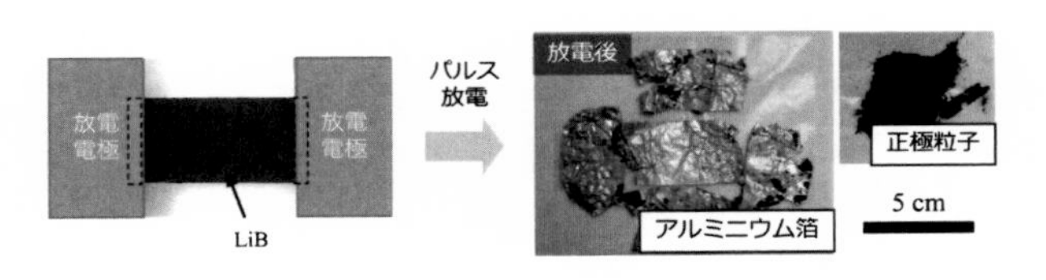

図 3.4　放電電極と分離されたリチウムイオン電池の正極材

電気パルス法による LiB 正極シートの分離機構については，図 3.5 のように考察されています。

①高電圧を印加した際に，活物質層よりも導電率の高いアルミニウム箔に電流が流れる。

②ジュール熱が発生することで温度が上昇する。

③アルミニウム箔の温度は活物質層中の有機接着成分 (PVdF) の分解温度 375 ℃に達し，アルミニウム箔に接着している PVdF が分解することで接着力がなくなり，アルミニウム箔から正極活物質粒子が分離する。

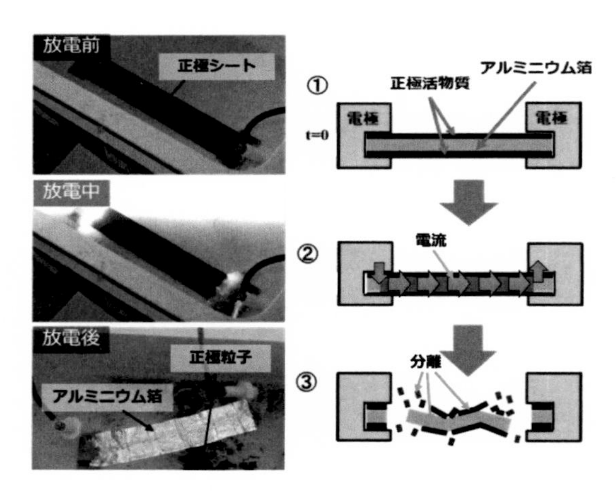

図 3.5　正極材とアルミニウム箔の分離機構

3.3.1　薄膜の表皮効果の計算

実験に用いた放電回路を図 3.6 に示します。この回路では，メカニカルスイッチを直流電源側に設定するとコンデンサに充電します。十分な時間が経ち，コンデンサが充電された状態でメカニカルスイッチをサンプル側に切り替えると，放電回路に電流が流れ，コンデンサに蓄えられたエネルギーが試料の LiB 正極材に印加されます。

図 3.6 の回路を使って，放電電極間距離を 40 cm とし，その間に厚さ 20 μm，幅 8 cm のアルミニウム箔を設置し，6.4 μF のコンデンサで放電

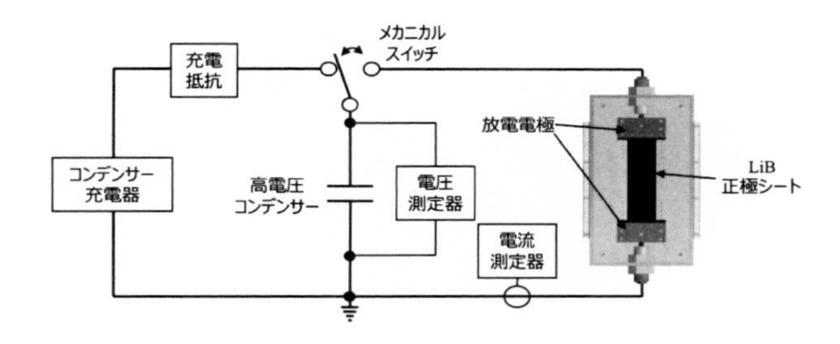

図 3.6　放電回路

したときの電流波形を図 3.7 に示します。放電電流の振動周波数は約 24 kHz であることから，表皮効果により電流の進行方向に対して両側面に電流が偏って分布する可能性があります。表皮効果による電流の偏在は，アルミニウム箔温度および分離状態の不均一性の要因になるので，剥離制御の精緻化のためには電流密度および温度分布を定量的に把握しなければなりません。そのために，パルス放電時にアルミニウム箔に電流が流れた際の電流密度のシミュレーションが有効に使えます。

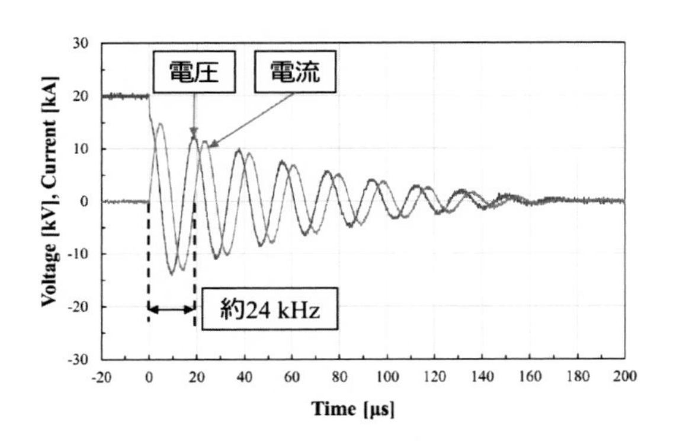

図 3.7　放電波形

COMSOL Multiphysics は，設計，材料特性の設定，特定の現象の記述，求解などを行うことができる汎用シミュレーションソフトウェアで，主に有限要素法 (Finite Element Method, FEM) によって離散化を行います。ここでは，COMSOL Multiphysics の AC/DC モジュールを用いて，アルミニウム箔に交流電流を流した際の電流密度分布を算出しました（図 3.8）。

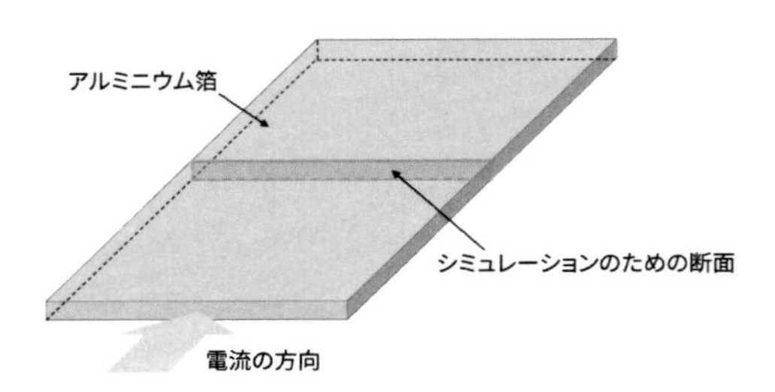

図 3.8　シミュレーションの対象

今回の計算で，モデルジオメトリを図 3.9 のように作成しました。シミュレーション対象のアルミニウム箔は，厚さが 20 μm なのに反して幅が 8 cm でアスペクト比が 4000 にもなるので，3D でモデリングするとメッシュの数が多すぎて多くの計算力が必要です。したがって，電流が断面の垂直方向にのみ流れ，アルミニウム箔の長手方向の電流分布の差はないと仮定して，2D ジオメトリを適用しました。式 (3.20) により，24 kHz でのアルミニウムの表皮深さは 529 μm と計算されます。アルミニ

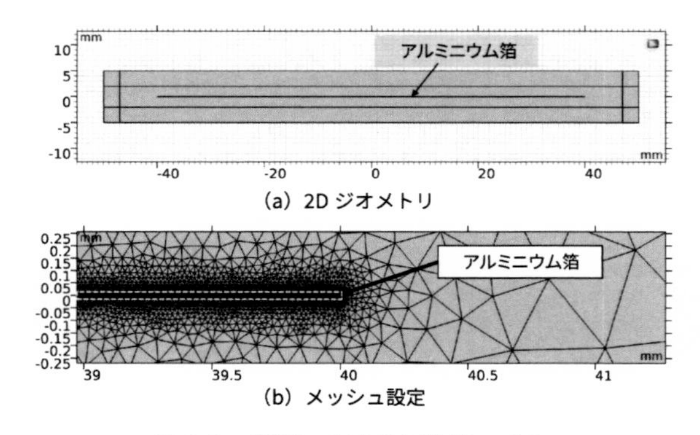

図 3.9　薄膜の表皮効果計算モデル

ウム箔の厚さは 20 μm なので，表皮深さよりかなり薄いため，厚み方向への表皮効果は無視でき，これを考慮してアルミニウム箔内の厚さ方向メッシュの数を図 3.9（b）のように設定しました。 計算には Magnetic fields physics を使用し，基礎方程式は以下の式 (3.22) に表すようなマクスウェルの方程式を使用しました。式 (3.22) はそれぞれ，アンペールの法則，磁場の定義，オームの法則，電場の定義を表しています。

$$\begin{aligned} \nabla \times \boldsymbol{H} &= \boldsymbol{J} \\ \boldsymbol{B} &= \nabla \times \boldsymbol{A} \\ \boldsymbol{J} &= \sigma \boldsymbol{E} + \mathrm{j}\omega \boldsymbol{D} + \sigma \boldsymbol{v} \times \boldsymbol{B} + \boldsymbol{J}_\mathrm{e} \\ \boldsymbol{E} &= -\mathrm{j}\omega \boldsymbol{A} \end{aligned} \tag{3.22}$$

シミュレーションにおける境界条件を表 3.1 に示します。通電体はアルミニウム箔，周辺環境は空気として，これらの材料の電気伝導率や非透磁率などの物性は，COMSOL Multiphysics に登録されている材料ライブラリを用いて設定しました。また，電流密度分布の周波数による変化を確認するため，Frequency Domain で，交流電流の周波数は 1 kHz から 100 kHz まで変化させました。

表 3.1　シミュレーションの設定

導体	アルミニウム
周辺媒質	空気
印加電流	1 A
周波数	1 ～ 100 kHz

アルミニウム箔の横方向中心線の電流密度分布を図 3.10 に示します。周波数が高くなるほど中心部 (40 mm) の電流密度は減少し，両端の電流密度は増加することが分かります。LiB の剥離機構は，前述したようにジュール熱によるアルミニウム箔の加熱と密接な関係があります。アルミニウム箔の電流密度が異なるほど活物質層の温度にも差が生じるので，放電電流の共振周波数が高いと，側面は高い温度となる一方で中央部分は低い温度となり，結果的に正極粒子とアルミニウム箔が均一に分離できな

い場合があります。減衰振動波形での共振周波数は，式 (3.9) のように放電回路のインダクタンス L とキャパシタンス C の影響を受けます。したがって，この結果を使用して，正極粒子を均一に分離できる適切な回路を構築することができます。

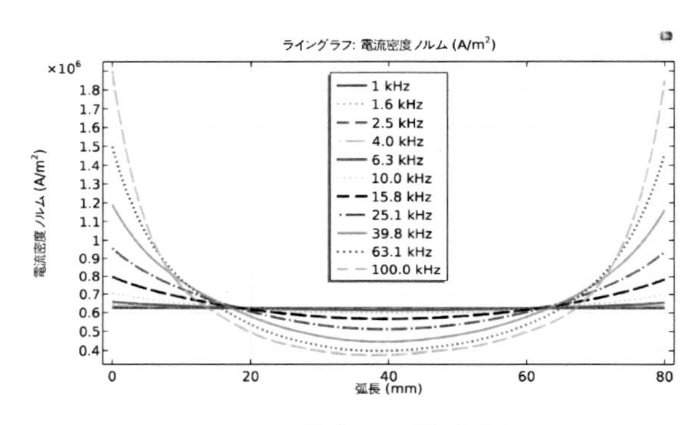

図 3.10　薄膜の電流密度分布

3.3.2　薄膜の抵抗および電流分布の計算

現在広く使用されている LiB は，角形，ポーチ型，円筒形などの形で作られています。さらに，様々な目的に応じてコイン型セルも開発されています。本項では，電気パルスを用いた正極活物質粒子の分離技術開発に対して，様々な形状の正極シートに対しても技術の適用が可能かどうかについて，シミュレーションを通じて検証した例を紹介します [13-15]。

ここでは COMSOL Multiphysics の AC/DC モジュールを用いて，アルミニウム箔に直流電流を流したときの電流密度分布を計算しました。図 3.11 にシミュレーション対象モデルを示しています。アルミニウム箔の厚さは 20 μm で，直径 14 mm の円形です。直方体の電気パルス用電極は，間隔を 13.6 mm に設定しました。3.3.1 項で使用した正極シートは長方形の形状であったため，長手方向に対する電流密度分布の差はないと仮定しましたが，今回の対象は円形のため電流密度分布に差が発生すると予測されるため，3D ジオメトリを使用しました。使用した Physics は Electric Currents であり，一方の電極に印加した 1 A の電流が反対側の電極に流れるように設定しました。

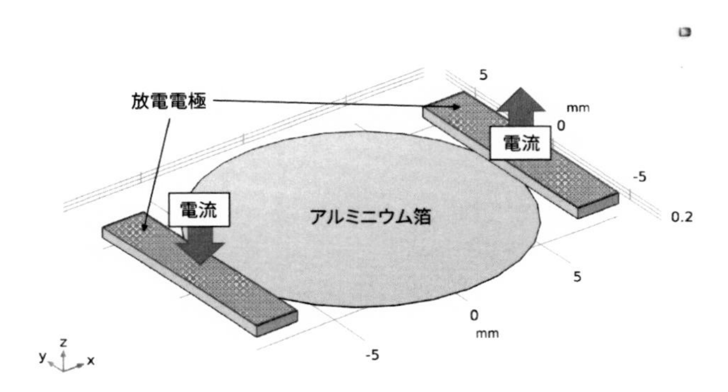

図 3.11 円形アルミニウム箔モデル

電流密度分布の計算結果を図 3.12 に示します。電流密度は電極接触部分で最も高く，中央部分の端で最も低い結果が得られました。この結果から，円形の正極シートの両端に電極を設置して電流を印加したときにシート内の電流分布は均一ではなく，その結果ジュール熱による温度上昇も均一ではないことが分かりました。つまり，電気パルス法により均一な正極活物質粒子の剥離を達成するためには，電極間の正極シートの幅が変わらない正方形や長方形の形状であることが好ましいと推察されます。

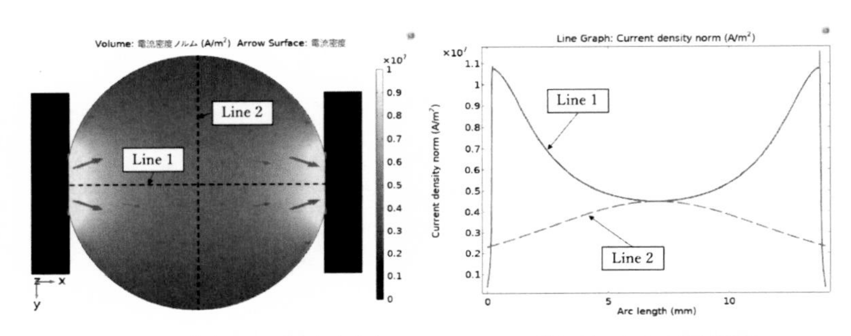

(a) アルミニウム箔表面の電流密度分布　(b) Line1, 2 の電流密度

図 3.12 円形アルミニウム箔の電流密度分布

3.4　金属接着分離技術への活用事例

自動車産業において，製造時のみならず廃棄までを考慮したライフサイクル全体における環境負荷低減の観点から，解体やリサイクルを考慮した製品設計の必要性が高まっています。車体に使用される複合材料の接合には接着が広く使われており，強度や耐久性が十分に高くなるように技術開発が進められています。しかし，接着剤により強力に接合された部材は手解体が困難です。ゆえに，簡単で迅速な接着接合の分離技術と，易解体性を考慮した接着接合の検討が必要となっています。

接着に易解体性を付与するためには，使用時には生じないような外部刺激に対して接着力低下を引き起こすことが必要です。ここでは，電気パルス印加によって瞬間的に熱および膨張を発生させて接着分離を達成する現象を，電磁界シミュレーションを用いて解析した例を紹介します。

接着剤は絶縁体であることから，接着剤内部で分離を達成するための安定した放電をもたらすためには，接着体構造または接着剤の工夫が必要です。以下では，電気パルスによる接着体の易解体に効果をもたらす被着体の構造を明らかにすることを目標とし，基礎的検討として，被着体金属板へのノッチ構造の適用や接着面への金属球の添加が，電気パルスによる接着体の分離に及ぼす影響を調査した例を紹介します（図 3.13）[16-19]。電流シミュレーションと伝熱シミュレーションの連成については主に 4.2 節で扱っていますが，本節でも関連した内容を一部紹介します。

基礎的検討として，図 3.14 のように 2 枚の金属板を貼り合わせた引張せん断試験用の試料形状を採用し，各種実験を行いました。接着体試料に

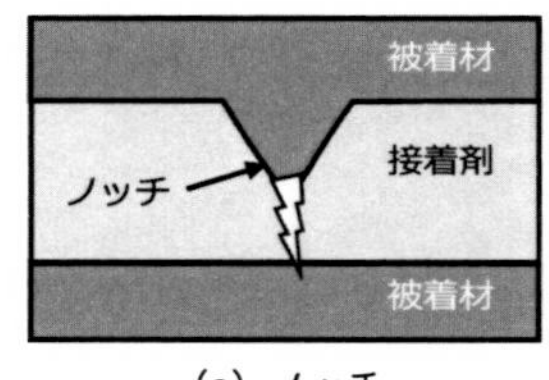

(a) ノッチ

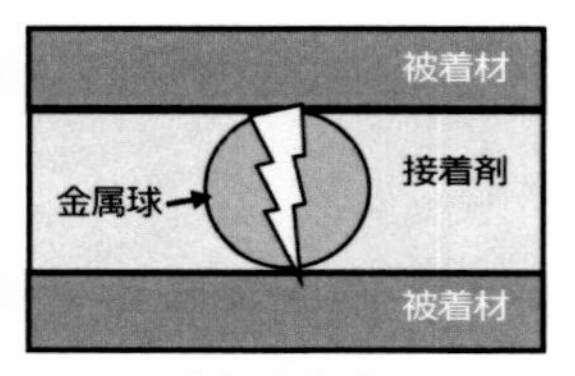

(b) 金属球

図 3.13　電気パルスによる接着体の易解体に効果をもたらす被着体の構造案

は板厚 1.6 mm の金属板を，接着剤には一液加熱硬化型エポキシ系接着剤を用い，接着剤厚さは 0.2 mm としました。

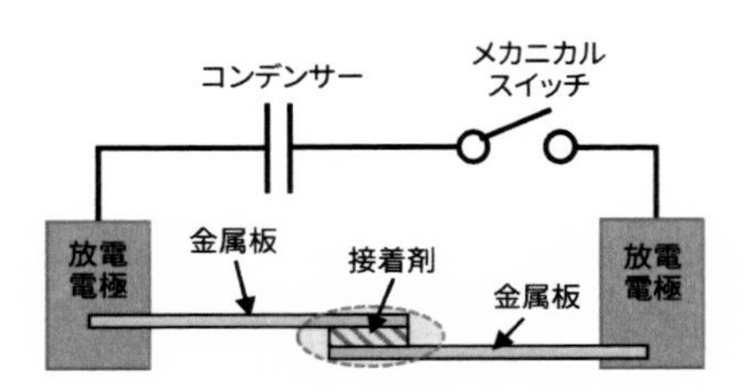

図 3.14　実験試料の構造と放電回路

3.4.1　ノッチの接着体易解体への適用例

パルスによるノッチ形状の適用検討では，まず被着体鋼板に突起形状であるノッチを打刻し，電界集中が引き起こす放電位置への影響を調査しました。次にノッチのない接着体モデルと楕円形状のノッチを有する接着体モデルについて電界シミュレーションを行い，ノッチにより接着体の接着剤内部で電界強度が増加するかどうかを調査しました。また，接着剤内部で電界集中による放電を誘起するにはどのようなノッチ形状が最適であるかを明らかにするために，ノッチ形状の変化とノッチ先端の電界強度の関係について調査しました。さらに，シミュレーション結果から得られた電界強度と材料の絶縁破壊強度との関係を考察して，放電位置の推定を行いました。

本検討では，実際にノッチのない接着体試料とノッチを打刻した接着体試料に対して電気パルスを印加し，高速度ビデオカメラで電気パルス印加時の観察を行って，放電発生位置と接着体の分離現象を可視化しました。以下では，可視化により得られた結果とシミュレーション結果を比較し，ノッチ打刻による電気パルスを用いた接着体の分離の考察および易解体性の評価を行った例を紹介します。

電界強度に対するノッチ形状の影響を調査したシミュレーションのモデルを図 3.15 に示します。軸対称回転モデルを使用し，上側の鋼板に直流電圧 V を印加し，下側の鋼板は接地としました。鋼板上部と下部は空気とし，外部境界は全て絶縁としました。電圧の初期値は全体を $V = 0$ kV とし，上側の鋼板に印加される電圧は $V = 5$ kV としました。ノッチ形状は楕円体とし，高さ（短半径）を a [mm]，幅（長半径）を b [mm]，接着剤厚さを h [mm] とおいて，それぞれの値を変化させました。

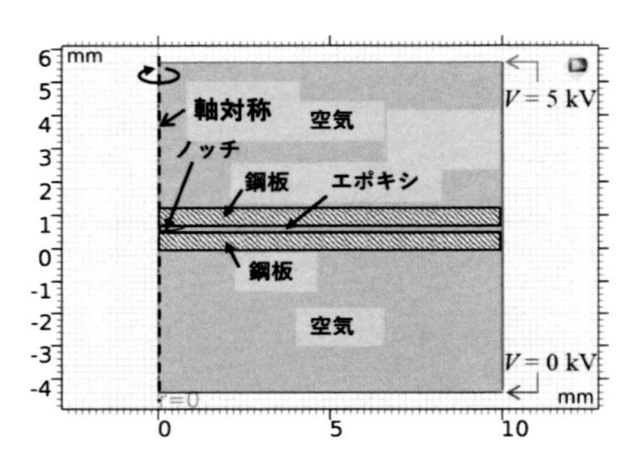

図 3.15　電場計算のための軸対称シミュレーションモデル

電界強度解析での鋼板端部のシミュレーションモデルを図 3.16 に示します。3 次元モデルを使用し，境界条件は軸対称回転モデルと同様に設定しました。そして，接着剤厚さ h を変化させた場合での電界強度を計算しました。

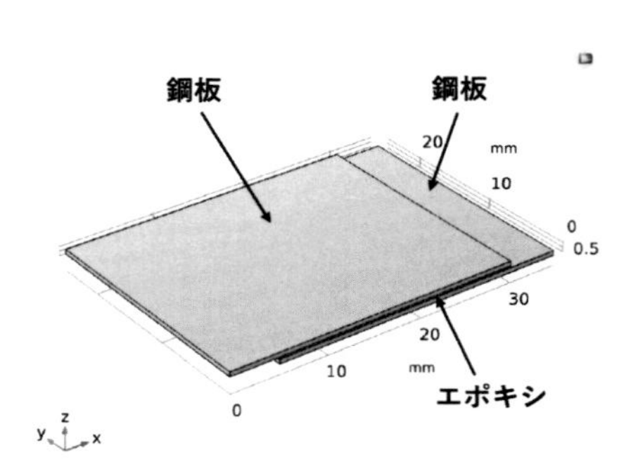

図 3.16　電場計算のための 3 次元シミュレーションモデル

図 3.17（a），（b）にそれぞれ $h = 0.2$ mm における接着端部と，$a = 0.18$ mm，$b = 0.9$ mm におけるノッチ先端での電界強度分布のシミュレーション結果を示します。図 3.17（a）で見られるように，ノッチ打刻なし接着体では鋼板端部に電界が集中することが分かりました。一方で図 3.17（b）で見られるように，楕円ノッチを打刻した接着体ではノッチ先端で電界集中が発生することが明らかとなりました。2 枚の鋼板の接着距離が 0.2 mm の場合，5 kV の電圧が印加された条件では，平等電界の強度は 25 kV/mm となりました。また，これらの条件において，本シミュレーションにおける鋼板端部と $a = 0.18$ mm，$b = 0.9$ mm のノッチ先端での電界強度はそれぞれ 70 kV/mm，251 kV/mm となり，ノッチ先端の方がより電界集中することが明らかとなりました。

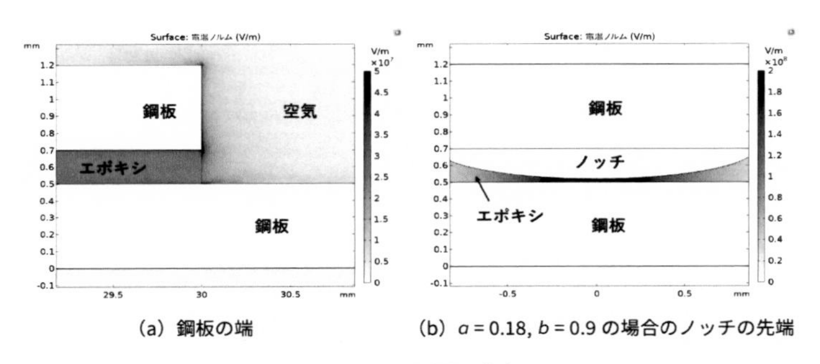

（a）鋼板の端　　（b）$a = 0.18$，$b = 0.9$ の場合のノッチの先端

図 3.17　電界の分布

鋼板間に満たされた物質が均一である場合，電界強度の高い位置で放電が起こりやすくなります。一方で，平等電界中において異なる物質が存在する場合，絶縁破壊強度の低い方で放電が起こりやすくなります。材料の絶縁破壊電圧は，材料の厚さと絶縁破壊強度によって定義されます。表 3.2 に，鋼板端部から空気側へ放電が生じる場合とノッチ先端から接着剤中に放電が生じる場合で，それぞれに必要な絶縁破壊電圧を示しました。空気の絶縁破壊強度 E_a [kV/mm] は文献値，接着剤の絶縁破壊強度 E_b [kV/mm] は実験で使用したエポキシ系接着剤の実測値です [20]。2 枚の鋼板間の最短距離を l_a [mm] とすると，l_a は接着剤厚さ h に等しいと定

義できます。ノッチ先端から反対側の鋼板までの距離 l_b [mm] は，接着剤厚さ h からノッチ高さ a を引いた値となります。絶縁破壊電圧は材料の絶縁破壊強度と鋼板間距離の積によって計算されます。

表 3.2　ノッチ先端と鋼板端部の絶縁強度と電界

	鋼板端部	ノッチ先端
鋼板間の媒質	空気	エポキシ
媒質の絶縁破壊 E [kV/mm]	$E_a = 3$	$E_b = 43.7$
ギャップ距離 l [mm]	$l_a = h$	$l_b = h-a$
絶縁破壊強度 V [kV]	$V_a = E_a l_a$	$V_b = E_b l_b$

鋼板端部から空気側の放電と，ノッチ先端から接着剤内の放電に必要な絶縁破壊電圧の比の関係から，ノッチ先端の方が鋼板端部よりも電界強度が高く，かつ，鋼板端部から空気側の放電に必要な絶縁破壊電圧の方がノッチ先端から接着剤内の放電に必要な絶縁破壊電圧よりも大きく，電界強度比/絶縁破壊電圧比が1以上となる場合に，ノッチ先端での放電の方が起こりやすいと考えられます。よって，b の値によらず，$a/h = 0.945$ ($a = 0.189$，$h = 0.2$)，$a/h = 0.900$（$a = 0.18$，$h = 0.2$ および $a = 0.189$，$h = 0.21$）のときにノッチ先端での放電が生じると推定されました。以上のシミュレーションの結果から，ノッチ先端と鋼板端部の電界強度比と，ノッチ先端の接着剤の絶縁破壊電圧と接着剤外部の空気の絶縁破壊電圧比を比較することで，放電位置の推定が可能であることが分かりました。

電界シミュレーションの結果を検証するために，ノッチがない場合とある場合それぞれの接着体試料に V =5 kV で電気パルス放電を適用しました。また，放電時の発光および分離過程を観察するために，シャドウグラフ法によって可視化を行いました。図3.18と図3.19にそれぞれの可視化画像を示します。

図3.18より，ノッチがない場合は鋼板端部で放電が生じ，接着体の分離には至らないことが確認できます。この鋼板端部での放電現象は，電界シミュレーションにおいて端部で高い電界強度が得られた結果と一致しています。放電発光の様子から，電流は鋼板端部から接着剤の沿面の空気側

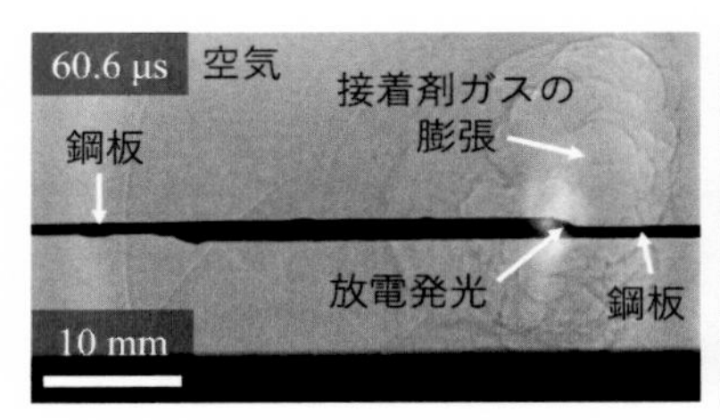

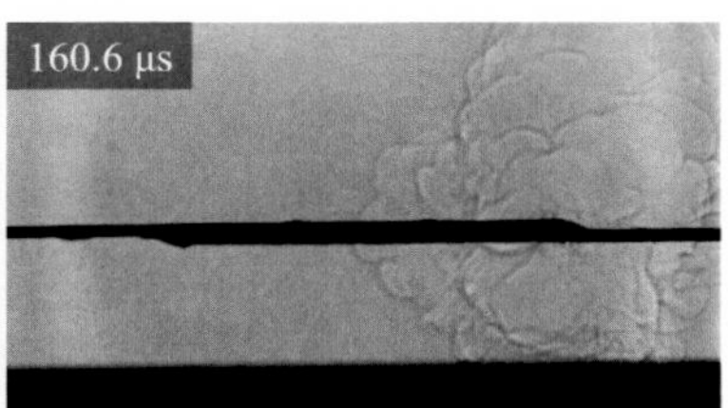

図 3.18　ノッチがない鋼板端部での放電

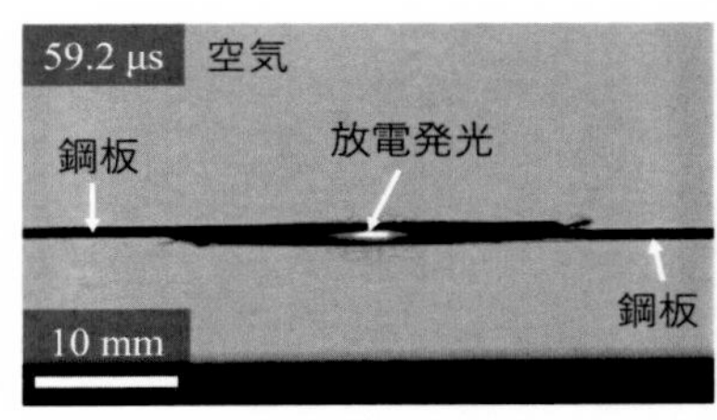

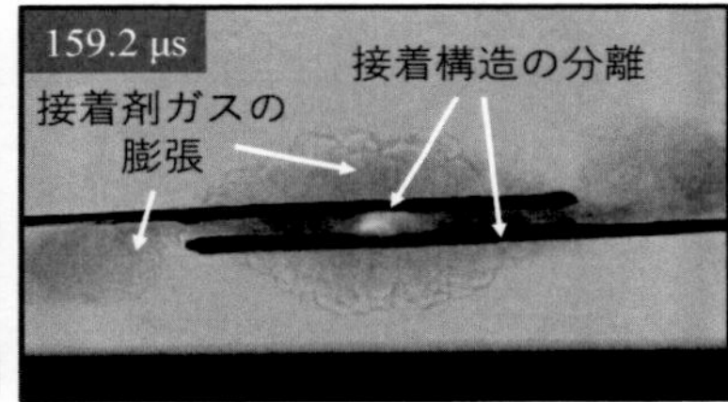

図 3.19　ノッチがある鋼板間での放電

を通って反対側の鋼板に流れたのみで，接着剤への影響はほとんどなかったため，接着剤内部では放電による衝撃力などの動的な力が発生せず，接着体の分離は起こらなかったと考えられます。

一方，図 3.19 では，59.2 μs に接着剤内部のノッチ付近で放電発光が観察されました。この放電発光はノッチ先端と反対側の鋼板間の接着剤が絶縁破壊を起こし，アーク放電が発生したことを示しています。

このように実験とシミュレーションの結果から，ノッチによって接着剤の端ではなく内部へ放電位置を制御できることが明らかとなりました。アーク放電に伴うプラズマの温度は接着剤の気化温度よりも高いため，接着剤は気化し，発生したガスによって体積膨張が起こったと考えられます。59.2 μs には内部からガスの発生が確認されました。これは図 3.18 に示した端部での放電の際には観察されなかったため，接着剤成分のガス化によるものと考えられます。このガスの膨張力によって接着体の分離が生じ，159.2 μs に接着体の分離が観察されました。

図 3.20 に電気パルス放電後のノッチ付き鋼板の接着面の破面写真を示

します。接着剤の破壊には被着体材料との界面で分離する界面破壊，被着体への接着を保ったまま接着剤自体が破壊する凝集破壊，および，被着体が破壊される母材破壊があります。図 3.20 に示した接着面は凝集破壊をしており，ノッチ位置を中心に接着剤が黒色に変色していました。また，ノッチ付近には接着剤が存在せず，被着体の表面が溶融していました。これはノッチ位置でアーク放電が発生し，高温プラズマが生じたことを示しています。図 3.19 の放電可視化画像においてもノッチ位置での放電発光が観察されていますので，この高温プラズマが周囲の接着剤を気化させ，接着体の分離に寄与する膨張力を発生したと考えられます。

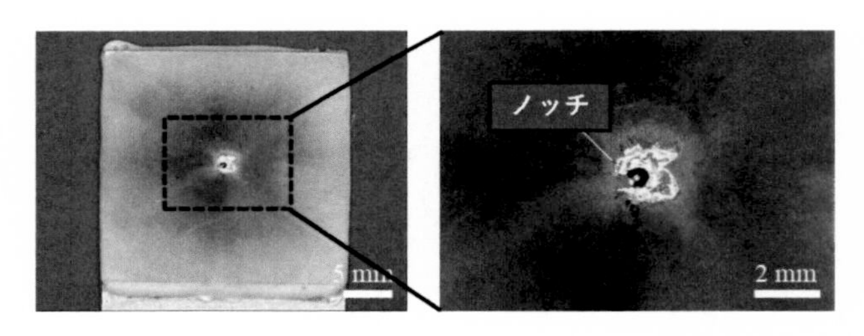

図 3.20　V =5 kV での電気パルス放電後のノッチ打刻鋼板の破面の写真

3.4.2　金属球添加の接着体易解体への適用例

易解体のための別の方法として，金属球を添加した接着体試料の適用を検討しました。しかしながら，数百 μm サイズの金属球に対する電気パルス印加時の放電現象が十分に明らかになっていなかったため，以下に示すように，実験で得られた電流波形から電流伝熱シミュレーションを行い，金属球に電流が流れたときの金属球の温度分布を求め，放電現象との比較とともに電気パルス印加による金属球での放電発生位置を考察しました。

まず，金属球に電気パルスを印加した際の放電現象を観察するために，可視化実験を行いました。図 3.21 のように直径 5 mm の円筒形状の電極で金属球を挟み込み，電気パルスを印加しました。上部の電極は固定されておらず，自重のみで金属球を固定します。金属球と金属板の材料はいずれも SUS とし，金属球の直径は 0.3 mm，コンデンサ容量は 2.4 μF，充電電圧は 5 kV としました。

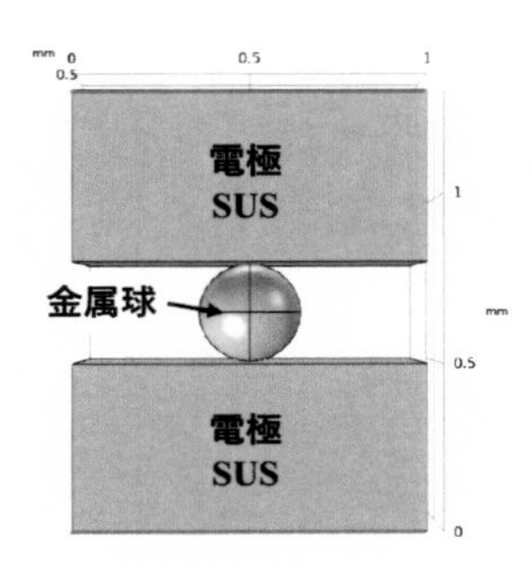

図 3.21　金属球のパルス放電を可視化するための電極の概略図

図 3.22 に，金属球に大気中で電気パルスを印加したところをシャドウグラフ法によって可視化した画像を示します。放電開始後 170 ns において電極と金属球の接触点での爆発が発生し，放電発光が観察されました。その後 570 ns には溶融した金属粒子が飛び散っていることが確認されました。

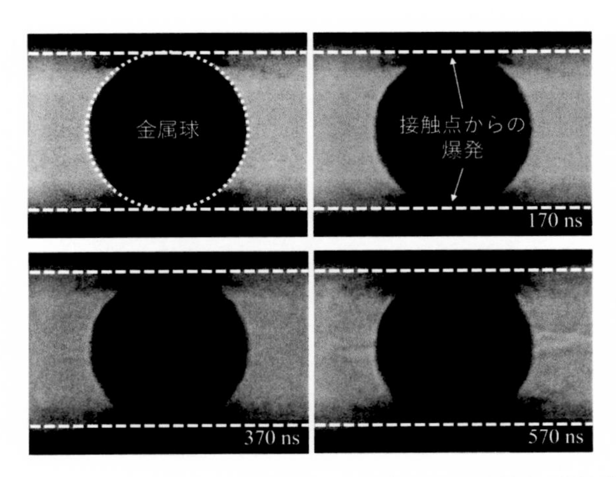

図 3.22　V =5 kV でのパルス放電によって適用された電極と金属球の接触点での爆発の視覚化画像

金属球の温度分布調査におけるシミュレーションモデルを図 3.23 に示します。軸対称回転モデルを使用し，シミュレーションを行いました。

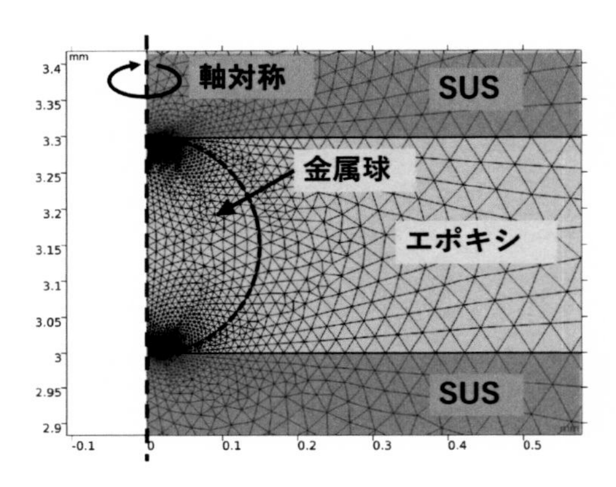

図 3.23　金属球の温度分布シミュレーションモデル

金属球と電極の接触半径はヘルツの式から算出しました。ヘルツの式を式 (3.23) に示します [21]。

$$a = \sqrt[3]{\frac{\frac{3P}{4}\left(\frac{1-\nu_1{}^2}{E_1}+\frac{1-\nu_2{}^2}{E_2}\right)}{\left(\frac{1}{R_1}+\frac{1}{R_2}\right)}} \tag{3.23}$$

ここで，a は接触半径 [mm]，E_1，E_2 はヤング率 [MPa]，υ_1，υ_2 はポアソン比，R_1，R_2 は曲率半径 [mm] です。本実験において電極と金属球は同じ材料として用いたため，$E_1 = E_2$，$\upsilon_1 = \upsilon_2$ としました。それぞれの値を表 3.3 に示します。

本実験において上側の電極の重さは 673 g であることから，重力加速度を 9.8 N/kg とすると，金属球に加わる集中荷重は 6.59 N と算出されます。式 (3.23) に表 3.3 の値を入力し，電気パルス電極と金属球の接触半径を 23.8 μm にして，シミュレーションを行いました。

表 3.3　電極と金属球の材料パラメータ

	電極	金属球
材料	SUS440C	SUS440C
Poisson's ratio ν [-]	0.3	0.3
Young's modulus E [kPa]	200	200
Applied force P [N]	6.59	
Radius of curvature R [mm]	Infinite	0.15

金属球に対する放電で観察された，電気パルス電極と金属球の接触点での爆発について考察を深めるために，実験で測定された電流波形を用いて電流伝熱シミュレーションを行いました。印加電流波形を図 3.24 に示します。本シミュレーションでは放電初期の電流の半波長分の時間である 0～5 μs を対象にしました。ここで，放電初期のみを対象とした理由は，図 3.22 によって観察された金属球への放電時間が 1 μs 未満であったことと，計算負荷低減のためです。また，シミュレーション上では金属球の状態変化が考慮されず，接触点のプラズマ化が生じた後については現象とのずれが大きくなると想定されるため，上記の時間範囲を対象としました。

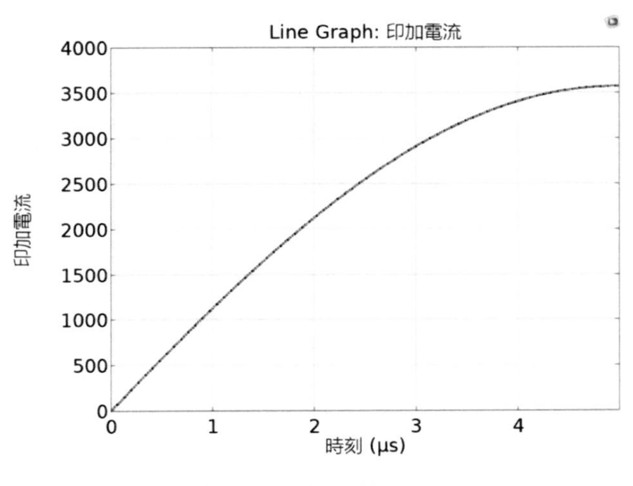

図 3.24　印加電流波形

図 3.25 に電流伝熱シミュレーションによって計算された時刻 570 ns における温度分布，図 3.26 に図 3.25 中の Line1 における温度の経時変化を示します。図 3.26 から，電気パルス電極と金属球の接触位置で温度上昇が顕著であることが分かりました。電気パルス電極と金属球の接触面中心での温度は 430 ns に Fe の融点 1811 K を超えた一方，球の中心と中心位置ではほとんど温度上昇が起こっていなかったことが確認されました。このことから，電気パルス電極と金属球の接触点は電流によって発生したジュール熱により溶融し，気化を経てプラズマ化したと考えられます。シミュレーションにおいて Fe の沸点を超えた時刻 540 ns は，図 3.22 で確認された電気パルス電極と金属球の接触点での爆発の観察時刻とおおむね一致していました。

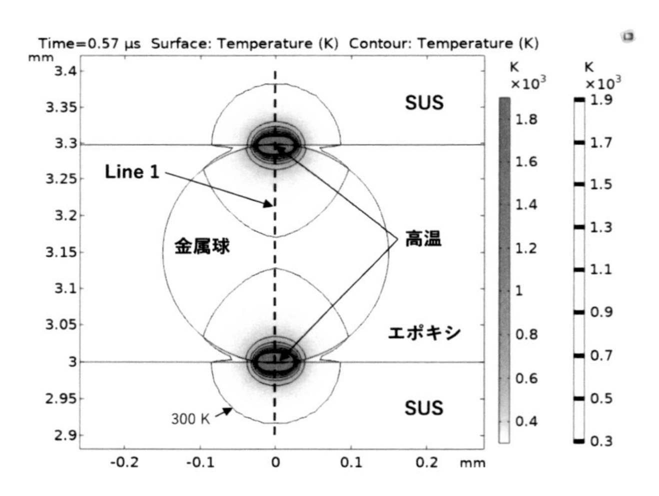

図 3.25　金属球周辺の温度分布のシミュレーション結果（570 ns）

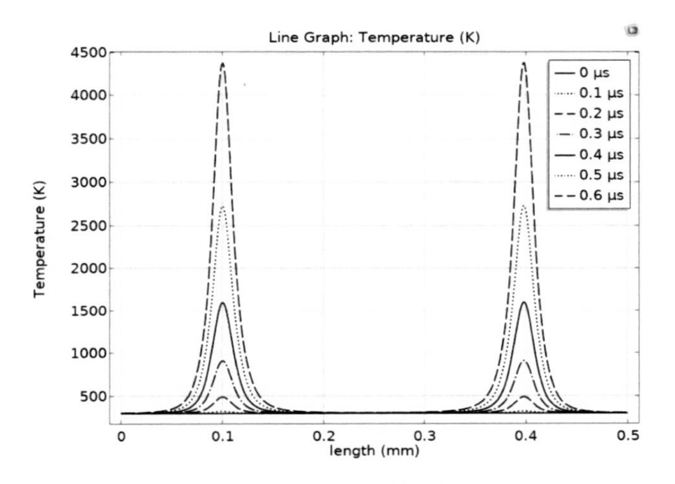

図 3.26　Line1 の温度分布変化

参考文献

[1] COMSOL：*AC/DC Module User's Guide, COMSOL Multiphysics 5.6 Version*, COMSOL（2020）.

[2] Smith, P. W.：*Transient Electronics: Pulsed Circuit Technology*（E-Book）, Wiley（2011）.

[3] Bluhm, H.：*Pulsed Power Systems: Principles and Applications*（E-Book）, Springer（2006）.

[4] 山田直平，桂井誠：『電気磁気学』，電気学会（2002）.

[5] Wheeler, H. A.：Formulas for the skin effect, *Proc. IRE*, Vol.30, No.9, pp.412-424（1942）.

[6] Cockcroft, J. D.：Skin effect in rectangular conductors at high frequencies, *Proc. R. Soc. Lond. Ser. Contain. Pap. Math. Phys. Character*, Vol.122, No.790, pp.533-542（1929）.

[7] Antonini, G., Orlandi, A., Paul, C. R.：Internal impedance of conductors of rectangular cross section, *IEEE Trans. Microw. Theory Tech.*, Vol.47, No.7, pp.979-985（1999）.

[8] 原雅則，秋山秀典：『高電圧パルスパワー工学』，森北出版（2011）.

[9] Mesyats, G. A.：*Pulsed Power*, Springer Science & Business Media（2007）.

[10] Tokoro, C. *et al.*：Separation of cathode particles and aluminum current foil

in Lithium-Ion battery by high-voltage pulsed discharge Part I: Experimental investigation, *Waste Manag.*, Vol.125, pp.58-66（2021）.

[11] Kikuchi, Y. *et al.*：Separation of cathode particles and aluminum current foil in lithium-ion battery by high-voltage pulsed discharge Part II: Prospective life cycle assessment based on experimental data, *Waste Manag.*, Vol.132, pp.86-95（2021）.

[12] Teruya, K. *et al.*, Utilization of underwater electrical pulses in separation process for recycling of positive electrode materials in lithium-ion batteries: Role of sample size, *Int. J. Plasma Environ. Sci. Technol.*, Vol.16, No.1, e01003（2022）.

[13] Saw, L. H., Ye, Y., Tay, A. A. O.：Integration issues of lithium-ion battery into electric vehicles battery pack, *J. Clean. Prod.*, Vol.113, pp.1032-1045（2016）.

[14] Maiser, E.：Battery packaging-Technology review, *AIP Conference Proceedings*, Vol.1597, No.1, pp.204-218（2014）.

[15] Wang, P. *et al.*：Real-time monitoring of internal temperature evolution of the lithium-ion coin cell battery during the charge and discharge process, *Mech. Energy Mater.*, Vol.9, pp.459-466（2016）.

[16] Kondo, M., Lim, S., Koita, T., Namihira, T., Tokoro, C.：Application of electrical pulsed discharge to metal layer exfoliation from glass substrate of hard-disk platter, *Results Eng.*, Vol.12, p.100306（2021）.

[17] Koita, T. *et al.*：Application of Simple Notch to Selective Separation of Adherend Bonded With Resin Adhesive by Pulsed Discharge in Air, *IEEE Trans. Plasma Sci.*, Vol.49, No.12, pp.3860-3872（2021）.

[18] Kondo, M., Koita T., Lim S., Namihira T., Tokoro C.：Control of the discharge path in adhesive for separation of the bonding structure, *IEEE Pulsed Power Conference*, pp.1-5（2021）.

[19] 近藤正隆, イムスウォン, 小板丈敏, 浪平隆男, 所千晴：電気パルス法によるガラス基板からの白金族金属含有金属層分離の検討,『粉体工学会誌』, Vol.58, No.9, pp.474-480（2021）.

[20] Tipler, P. A., Meyer-Arendt, J. R.：College physics, *Appl. Opt.*, Vol.26, No.24, p.5220（1987）.

[21] Hertz, H.：On the contact of elastic solids, *Z Reine Angew Math.*, Vol.92, pp.156-171（1881）.

第4章

分離技術開発のための電流伝熱および応力シミュレーション

第2章で紹介したように，電気パルスを用いた分離・回収に関する研究，およびその分離技術の開発が行われてきました。これらの研究開発では，電気パルス印加時の電流による熱を利用した瞬間的な変形による分離，および電気パルス印加時に高エネルギーで発生する衝撃波の圧力による瞬間的な変形で誘起される分離が利用されてきました。この分離を制御するためには，変形を誘起する電気パルス印加時の電流伝熱シミュレーションによる温度解析，電気パルス印加で発生するエネルギーによる応力シミュレーション，および，衝撃波圧力の解析が必要となります。本章では，応力シミュレーションで必要となる応力とひずみの基礎，電流伝熱シミュレーション，応力シミュレーション，および衝撃波の圧力解析について紹介します。

4.1　応力とひずみについて

本節では，分離技術開発での応力シミュレーションで必要となる応力とひずみの基礎を示します。シミュレーションの設定だけでなく，シミュレーションで得られた解析結果に妥当性があるのかを評価するためにも，応力とひずみと変形の関係の基礎を理解することは重要です。

ここでは，応力とひずみの定義と，3 次元での応力とひずみについて説明します [1,2]。

4.1.1　応力とひずみの定義

外力を受けた物体の内部には，外力に抵抗する内力が生じます。外力と内力は同じ値となり，内力 F [N] を外力を受けた面積 A [m^2] で割った値，すなわち内力 F の単位面積当たりの値が応力と定義されています。応力の単位は Pa(=N/m^2) です。応力には軸方向に作用する垂直応力 σ [Pa] と物体をずらすような荷重に対するせん断応力 τ [Pa] の 2 種類があります。

また，物体に外力が作用した場合，物体は変形量を伴いながら変形し，物体の元の長さに対する変形量の比がひずみと定義されています。よって，ひずみには単位はなく，無次元量となります。

4.1.2　垂直応力と垂直ひずみ

物体が伸びるような外力である引張荷重，または縮むような外力である圧縮荷重が作用した場合，これら外力により，物体には引張による変形，または圧縮による変形がそれぞれ発生します。図 4.1（a)，(b）に引張と圧縮による変形の模擬図を示します。図 4.1（a)，(b）においては力が作用する方向が違うものの，物体の軸方向の断面におけるある点での垂直応力は，これら荷重の力 F とこの荷重が作用する物体の横断面積 A を用いて，式 (4.1) で定義されます。

$$\sigma\left(x, y, z\right) = \lim_{\Delta A \to 0}\left\{\frac{\Delta F\left(x, y, z\right)}{\Delta A}\right\} \tag{4.1}$$

なお，断面全域にわたり応力が変化している場合でも，平均垂直応力 σ は次式で定義されます。

$$\sigma = \frac{F}{A} \tag{4.2}$$

また，図 4.1（a)，（b）においては引張と圧縮では変形の状態は異なるものの，物体の軸方向の元の長さを l_0，変形後の長さを l とすると，変形量 λ は $\lambda = l - l_0$ となります。上記の定義より，垂直ひずみは次式で表されます。

$$\varepsilon = \frac{\lambda}{l_0} \tag{4.3}$$

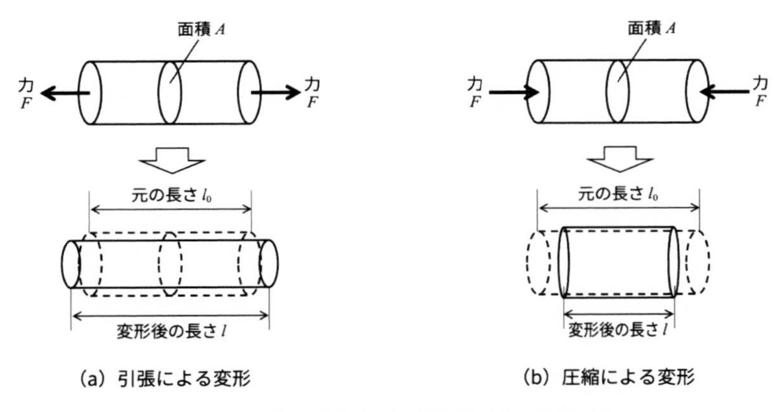

図 4.1　引張，圧縮による物体の変形のモデル図

4.1.3　せん断応力とせん断ひずみ

物体の断面をずらすような外力が作用した場合，図 4.2 に示すように，物体の軸と垂直方向にせん断応力 F が作用します。物体の点 A と B の間の点 C での断面を考えると，この断面には図 4.2（b）に示すように内力 ΔF が発生しており，ΔF はせん断力と呼ばれます。図 4.2（b）のせん断応力の作用面を考えると，この内力の合計は F と等しくなります。ここで，この作用面に沿って生じる応力はせん断応力 τ と呼ばれており，垂直応力の定義式と同様に式 (4.4) で求めることができます。

$$\tau\left(x, y, z\right) = \lim_{\Delta A \to 0}\left\{\frac{\Delta F\left(x, y, z\right)}{\Delta A}\right\} \tag{4.4}$$

そして，力 F を作用面積 A で割ると，平均せん断応力 τ を得られます。

$$\tau = \frac{F}{A} \tag{4.5}$$

図 4.2（c）で示すように物体内の立方体を考えると，元の立方体の長さを l_0，変形後のずれ長さを λ とすると，垂直ひずみの定義と同様にせん断ひずみ γ は次式で表されます。

$$\gamma = \frac{\lambda}{l_0} \tag{4.6}$$

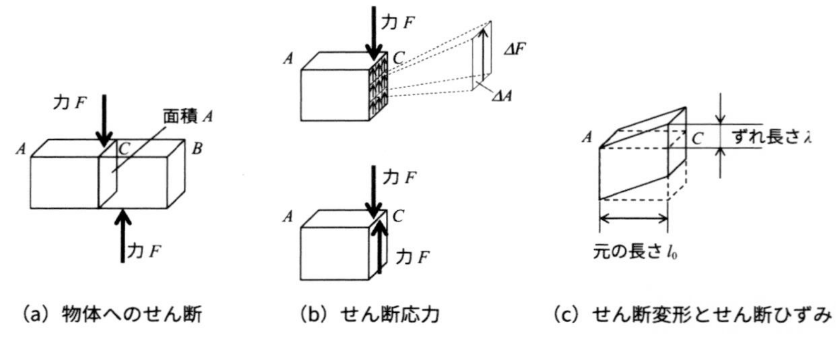

図 4.2　物体へのせん断とせん断ひずみ

4.1.4　3 次元での応力とひずみ

構造体に力が作用したときの 3 次元応力シミュレーションを行う場合，3 次元での応力とひずみを解析する必要があります。ここでは 3 次元での応力の状態を考えます。図 4.3（a）と（b）にそれぞれ，全体座標での応力状態と微小体積での応力状態を示します。

図 4.3（a）で示されるように，3 次元物体内には 3 方向の垂直応力と 3 方向のせん断応力が発生し，3×3 = 9 種類の応力が存在します。ここで，添え字に x，y，z 座標方向成分を使用しますと，垂直応力 σ_{xx}，σ_{yy}，σ_{zz} は σ_x，σ_y，σ_z と表記されることが多く，また 6 つのせん断応力には次式

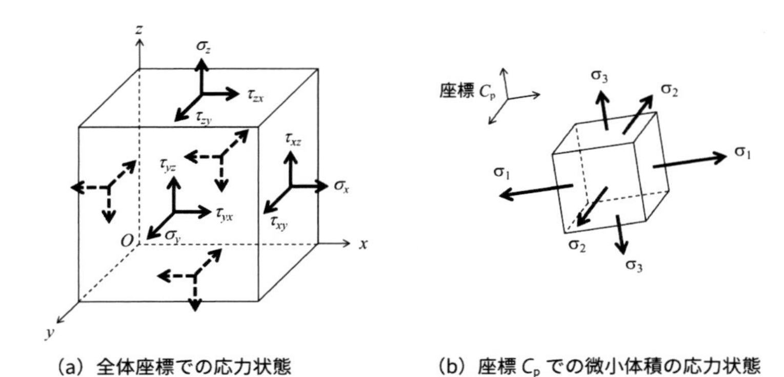

(a) 全体座標での応力状態

(b) 座標 C_p での微小体積の応力状態

図 4.3　3 次元での物体に作用する応力

の関係があります。

$$\tau_{xy} = \tau_{yx}, \quad \tau_{yz} = \tau_{zy}, \quad \tau_{zx} = \tau_{xz} \tag{4.7}$$

ここで，図 4.3（b）の物体内の任意の微小体積を考えると，せん断応力の成分が全て 0 となる座標系（x'，y'，z'）が存在することになります。この座標 ξ では，応力の大きさが異なる 3 つの直行 3 成分での垂直応力のみが存在します。この 3 つの応力は主応力と呼ばれます。これら応力は大きい値から順に最大主応力 σ_1，中間主応力 σ_2，最小主応力 σ_3 と定義されます。

上記のように外力が作用された構造体内では，複雑な応力状態となるためせん断応力成分が 0 となり，これら 3 つの主応力が発生した体積においては，応力状態をスカラー量として表すことがあります。このスカラー量で表された応力は相当応力またはミーゼス応力と呼ばれます。相当応力 σ_e は式 (4.8) で定義されます。

$$\sigma_e = \left\{ \frac{(\sigma_1 - \sigma_2)^2 + (\sigma_2 - \sigma_3)^2 + (\sigma_3 - \sigma_1)^2}{2} \right\}^{\frac{1}{2}} \tag{4.8}$$

ここで重要なのは，相当応力は延性材料の降伏応力と等価になるため，強度評価で使用されるということです。また，相当応力は物体の単軸引張状態ではその引張応力と一致します。この相当応力に対する物体のひず

みは相当ひずみ ε_e と呼ばれており，上記の3つの応力で発生するひずみ ε_1，ε_2，ε_3 を用いて，式(4.9)のように計算されます。

$$\varepsilon_e = \frac{1}{1+\nu}\left\{\frac{(\varepsilon_1-\varepsilon_2)^2+(\varepsilon_2-\varepsilon_3)^2+(\varepsilon_3-\varepsilon_1)^2}{2}\right\}^{\frac{1}{2}} \tag{4.9}$$

ν はポアソン比です。ポアソン比の定義を理解するために，円柱の物体に引張応力が作用したときの物体の変形を考えます。図4.1（a）において，引張応力により円柱が元の直径 d_0 から直径 d に変形した場合，物体の縦ひずみである垂直ひずみ ε は式(4.3)で計算されます。そして，力に対して垂直な，すなわち縦方向のひずみは横ひずみ ε' と呼ばれており，式(4.10)で計算されます。

$$\varepsilon' = \frac{d-d_0}{d_0} \tag{4.10}$$

ポアソン比 ν は縦ひずみに対する横ひずみの比であり，式(4.11)で定義されます。

$$\nu = -\frac{\varepsilon'}{\varepsilon} \tag{4.11}$$

ここで，縦横ひずみは符号が反転するため，ポアソン比の定義では式(4.11)の右辺ではマイナスがつきます。

4.2　電気パルスの電流伝熱シミュレーション，応力シミュレーション

近年，電気パルス印加時のジュール熱で発生する熱を利用してリチウムイオン電池の正極材から正極活物質を分離・回収する研究[3,4]，および，この熱で発生する細線爆発を利用して太陽光パネルシートから銅線や銀線を分離・回収する研究[5,6]が行われてきました。本節では，これら分離機構の考察と，分離を発生させるための電気パルスの電圧条件を明らかにするための電流伝熱シミュレーション，応力シミュレーションについて紹介します。ここで，3.4節でも電気パルス印可時の電流波形を使用した電

流伝熱シミュレーションの解析例が示されましたが，本節では，特に電流シミュレーションと伝熱シミュレーションの連成について説明します。

4.2.1　電気パルスの電流加熱による分離に関する研究

第2，3章で示されたように，近年，電気パルスを用いたリチウムイオン電池（LiB）の正極材からNi，Co，Mnの有価金属を含む正極活物質を回収する研究が行われてきました[3,4]。これら研究では，電気パルスで正極材のアルミニウム箔に電流を流し，通電によるジュール熱でアルミニウム箔を加熱します。そして，アルミニウム箔と正極活物質を接着しているバインダ（接着剤）の融点以上の温度にすることでバインダを溶解させて接着力を失活させ，アルミニウム箔の加熱に伴う熱膨張や衝撃波などの衝撃力で正極活物質を分離させています。

また，電気パルスによって太陽光パネル（PV）シートから銅線や銀線の回収する研究[5,6]では，PVシート内の銀線に電気パルスを印加し，通電時のジュール熱により銀線を加熱させ，気化を伴う細線爆発を発生させて銀を粒子として回収しつつ，この爆発力を用いてシート内の銅線を分離させています。すなわち，電気パルスを用いたこれらの分離・回収では，電気パルス印加時の電流加熱が重要であると言えます。

LiBの正極材のアルミニウム箔やPVシート内の銀線のような導体に電気パルスを印加した場合，導体に発生する通電時のジュール熱の単位はJであり，これは抵抗がある導体に電流を流したときに発生する熱エネルギーを意味しています。そして，ジュール熱によって導体の温度が上昇します。この温度上昇 ΔT [k] はジュール熱 Q [J] と導体の質量 m [kg] と比熱 c [J/kgK] から計算することができます。しかし，LiBの正極材のアルミ箔には正極活物質が塗布されており，PVシートの銀線は樹脂のEVA層で挟まれています。よって，導体の温度上昇 ΔT [k] はこれら正極活物質およびEVA層への伝熱をきちんと考慮して解析する必要があります。すなわち，解析では，ジュール熱を発生させる電流シミュレーションとその導体周囲への伝熱を考慮した伝熱シミュレーションを連成させたシミュレーションを行う必要があります。

以下では連成シミュレーションが可能である特徴を持つCOMSOL

Multiphysics を使用し，AC/DC モジュール，伝熱モジュールを用いた電流シミュレーションと伝熱シミュレーションの連成シミュレーション，および，構造力学モジュールを用いた，電気パルス印可時の積算エネルギーで発生する応力シミュレーションについて記載します。

4.2.2　電流伝熱シミュレーション

電流シミュレーションの構成方程式にはマクスウェル方程式を使用します。この方程式は電荷保存則，オームの法則，電場の定義で構成されており，それぞれ，以下の式で計算されます。

$$\nabla \cdot \boldsymbol{J} = Q \tag{4.12}$$

$$\boldsymbol{J} = \sigma \boldsymbol{E} + \frac{\partial \boldsymbol{D}}{\partial t} + \boldsymbol{J}_e \tag{4.13}$$

$$\boldsymbol{E} = -\nabla V \tag{4.14}$$

ここで，$\boldsymbol{J}$ は電流密度 [A/m^2]，Q は単位時間と単位面積あたりの電荷量 [C/m^{2}s]，σ は電気伝導率 [S/m]，$\boldsymbol{E}$ は電場 [V/m]，$\boldsymbol{D}$ は電束密度 [C/m^2]，t は時間 [s]，$\boldsymbol{J}_e$ は外部からの電流密度 [A/m^2]，V は充電電圧 [V] です。

伝熱方程式は以下の式で構成されています。

$$\rho C_p \frac{\partial T}{\partial t} + \rho C_p \boldsymbol{u} \cdot \nabla T + \nabla \cdot \boldsymbol{q} = Q_e \tag{4.15}$$

$$\boldsymbol{q} = -k \nabla T \tag{4.16}$$

ここで，ρ は密度，C_p は定圧比熱容量 [J/mol・K]，T は温度 [K]，$\boldsymbol{u}$ は熱の移動速度 [m/s]，$\boldsymbol{q}$ は熱流束ベクトル，Q_e は単位時間と単位体積あたりのジュール熱（単位体積当たりの発熱量）[W/m^3]，k は熱伝導率 [W/m・K] です。

式 (4.15) と式 (4.16) より

$$\rho C_p \frac{\partial T}{\partial t} + \rho C_p \boldsymbol{u} \cdot \nabla T - k \nabla T = Q_e \tag{4.17}$$

となります。また，Q_e は次式で計算されます。

$$Q_e = \boldsymbol{J} \cdot \boldsymbol{E} \tag{4.18}$$

となります。すなわち，式 (4.12)〜(4.14)，式 (4.17)，(4.18) を連成させることにより，式（4.17）より各時間での温度分布の解析を行うことができます。

4.2.3 応力シミュレーション

固体力学では，コーシーの応力テンソルにおいて力が作用された物体の運動量の保存則は，次式で表されます。

$$\rho \frac{\partial^2 u}{\partial t^2} = \nabla \cdot s + F_{\mathrm{v}} \tag{4.19}$$

ここで，ρ は密度 [kg/m^3]，u は変位 [m]，t は時間 [s]，s は Hoek–Brown のパラメータ，F_{v} は変形体積に作用する単位体積あたり力 [N/m^3] です。密度 ρ は次式で計算されます。

$$\rho = J^{-1}\rho_0 \tag{4.20}$$

$$J = \frac{dV}{dV_0} \tag{4.21}$$

ρ_0 は初期密度 [kg/m^3]，J は微小体積 dV_0 の変化後の体積 dV に対する体積変形率です。式 (4.19)〜(4.21) の連立により，変形体積に作用した単位体積当たりの力とその変形体積，および変位をシミュレーションすることができます。そして変形体積に作用した力をその力が作用した面積で割ることにより，応力をシミュレーションすることができます。

4.2.4 電気パルス印可時の電流伝熱シミュレーション

本項では，異種樹脂材の界面に設置された銀細線に電気パルスを印加させたときの電流伝熱シミュレーションの例を記載します。このシミュレーションでは，COMSOL Multiphysics の AC/DC モジュールと伝熱モジュール用いて連成を行い，3 次元解析しています。

図 4.4 に電流伝熱シミュレーションのモデル，境界条件，およびメッシュを示します。このモデルでは，幅 10 mm，奥行 10 mm，高さ 2 mm のアクリルとポリカーボネートの被着体の界面に直径 50 μm，長さ 10 mm の銀細線を設置しています。また，細線の断面方向の温度分

布は一様であるものとしています。境界条件は $\nabla \cdot J = 0$ とし絶縁させ，$\nabla \cdot q = 0$ とし断熱をしています。COMSOL Multiphysics は自動的にメッシュが作成でき，有限要素法をベースとしていることから，4 面体要素でメッシュ化されます。本モデルでは最小メッシュサイズを 1.0 μm で設定しています。

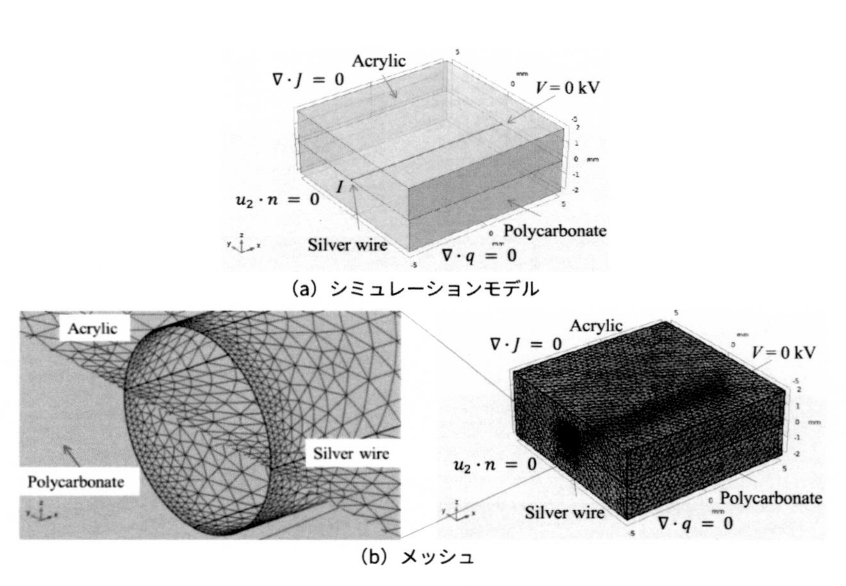

(a) シミュレーションモデル

(b) メッシュ

図 4.4　電気パルス印加による細線の電流伝熱シミュレーションモデル

図 4.5 に，充電電圧 $V = 20$ kV で電気パルスを印加したときに測定された電圧電流波形を示します。本解析では，各時間における電流 I [A] を銀細線の断面積 A [m^2] で割った電流密度 J を，式 (4.12) と式 (4.13) に代入しています。または，第 3 章の式 (3.7) で計算された電流値を代入することも有効です。

図 4.6 に，充電電圧を $V = 5.5$，14，20 kV と変化させて電気パルスを印加した際の電流波形を用いた，銀細線中心温度のシミュレーション結果を示します。また，図 4.7 に，$V = 20$ kV で電流が流れ始めた後の時間 $t = 0.8$ μs における，銀細線の温度分布のシミュレーション結果を示しま

す。図 4.6 から，$V = 5.5$，14 kV では銀細線中心の温度は銀の融点 1235 K を超えているものの，銀の沸点 2435 K 以下となることが分かります。このことは，$V = 5.5$，14 kV での電気パルスでは，銀線は気化には至らず，溶解することを意味しています。

一方で，図 4.6，4.7 から，$V = 20$ kV では銀細線中心の温度は $t = 0.8$ μs で既に銀線の沸点を超えており，気化していると言えます。固体の気化において体積膨張が急激に発生するため，$V = 20$ kV では気化を伴う細線爆発が発生することが考えられます。

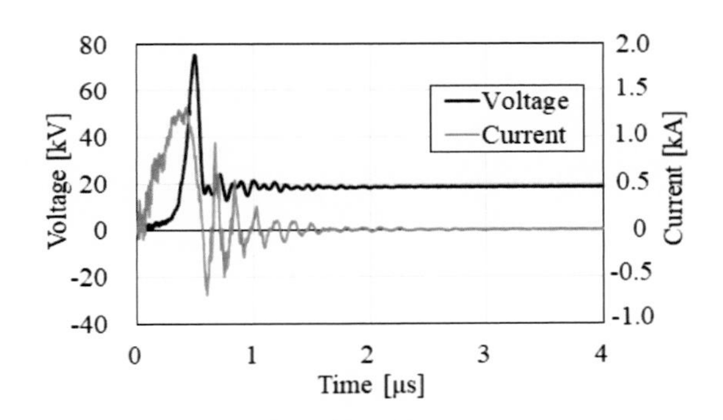

図 4.5　電気パルス印加時の電圧電流波形の測定値（充電電圧 V = 20 kV）

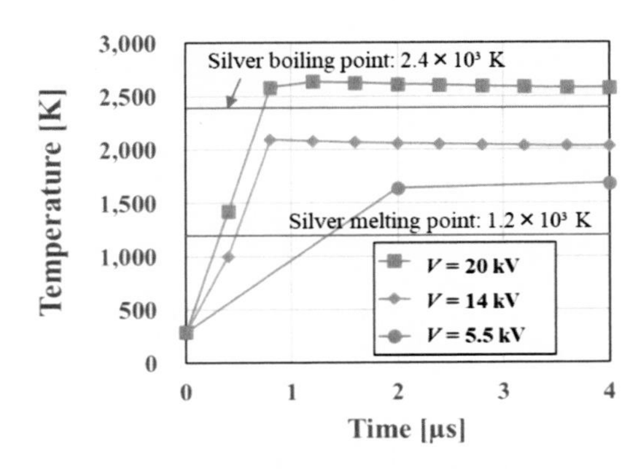

図 4.6　電気パルス印加時の銀細線中心温度の時間履歴のシミュレーション結果

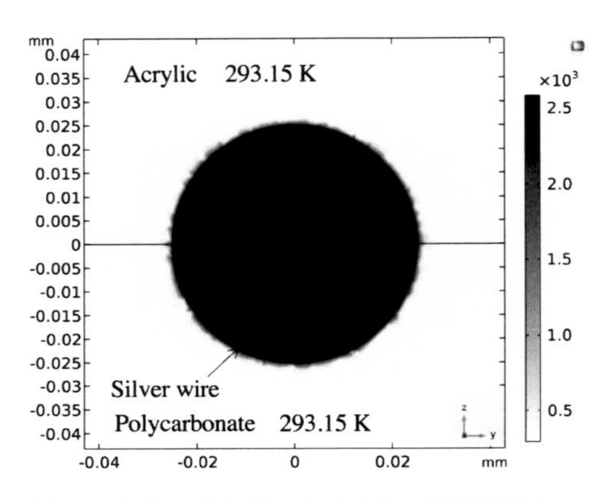

図 4.7　電気パルス印加時の銀細線の温度分布の時間履歴のシミュレーション結果（V = 20 kV，t = 0.8μs）

このように，COMSOL Multiphysics の AC/DC モジュールと伝熱モジュールを用いた連成によるシミュレーションを行うことで，周囲の媒体への伝熱を考慮しながら電気パルス通電時の細線や導体の温度を解析することができ，この解析により導体の相の状態変化の考察が可能となります。そして，式 (3.7) において電圧を変化させ，変化した電気パルスの電流波形を連成シミュレーションに代入することで，細線の沸点以上の温度を発生させる，すなわち気化を伴う爆発を発生させる電圧を調べることができます。このことは，電気パルスによる細線爆発を利用して太陽光パネルシートから有価金属を回収する研究開発などにおいて，細線爆発を発生させる電気パルスの条件を設定するために有効であると言えます。

4.2.5　電気パルス印加時の応力シミュレーション

電気パルス印可時には通電した導体にエネルギーが発生します。このエネルギーにより導体および周囲の物体には応力が発生し，周囲の物体は変形して変位が発生します。ここでは COMSOL Multiphysics の構造力学モジュールを使用し，4.2.4 項と同様に，異種樹脂材のアクリルとポリカーボネートの界面に設置された銀細線に電気パルスを印加させて発生するエネルギーによる応力のシミュレーションを示します。本シミュレーションのモデルは図 4.4（a）と同様です。ここで，電気パルスで発生する各時刻 t での積算エネルギー $E(t)$ [J] は次式で計算されます。

$$E(t) = \sum VI\Delta t \tag{4.22}$$

V と I は各時間での電圧，電流の値，Δt は時間間隔です。この積算エネルギー $E(t)$ を細線の長さ l_w [m] で割ることで，式 (4.19) の各時刻における変形体積に作用する力 F_V を算出します。

本シミュレーションでは，実際に電気パルス印可時の細線間で測定された電圧電流波形から得られた電圧 V [kV]，電流 I [A]，および測定間隔時間 Δt [s] を式 (4.22) に代入し，積算エネルギー E を算出しています。図 4.8 に，充電電圧 $V = 20$ kV の電気パルスによる電流が細線に流れ始めた後の時間 $t = 2.0$ μs における細線周囲のアクリルとポリカーボネートの応力分布，および界面の垂直方向（Z 軸方向）の応力のシミュレーション結果を示します。これにより，細線周囲において細線の上部のアクリルには 8.0×10^6 N/m^2 の圧縮応力が，ポリカーボネートには -4.1×10^6 N/m^2 の引張応力が発生していることが分かります。このことは界面で垂直に上方向に圧縮する力と下方向に引っ張る力が同時に発生している，すなわち，この圧縮応力と引張応力が界面の接着力をその接着面積で割って得られる応力以上である場合に，界面が分離されることを意味しています。

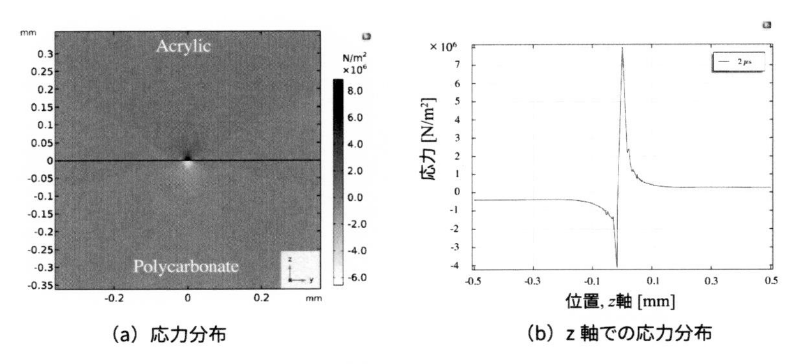

（a）応力分布　　（b）z 軸での応力分布

図 4.8　電気パルスによる細線周囲の応力分布のシミュレーション結果（V_c = 20 kV，t = 2.0 μs）

一般に実験ではひずみゲージを使用して応力を測定しますが，接着された 2 つの物体の界面で応力を発生させて分離を行う場合，界面にひずみゲージを設置すると，ひずみゲージが異物として分離の挙動に影響を与え，界面での正しい応力値の測定が困難となるという課題があります。一方で，シミュレーションではこれらの課題は発生しませんので，物体内の応力や物体の変形の把握，および上記のような界面分離の考察のために有効です。

シミュレーションにあたっては，分離させる異材界面の付着力または接着力を事前に把握しておくことが必要です。そして，COMSOL Multiphysics の構造力学モジュールを使用し，この界面に作用する電気パルス印加時の積算エネルギーを変化させ，界面にて接着の応力以上の応力が発生する積算エネルギーを調査することで，界面の分離に最適な電気パルスの積算エネルギーを求めることができます。

4.3　接着体の接着強度に関する解析

近年，電気パルスによる接着体の分離に関する研究が行われてきました [7]。分離を発生させるためには，分離に必要なせん断応力を誘起する接着体への荷重を明らかにする必要があります。本節では，接着体に荷重をかけた際の接着強度の解析について紹介します。

4.3.1　接着体の易解体技術の研究開発

鋼板同士，またはマルチマテリアル（アルミニウム合金，繊維強化プラスチック）の被着体同士を接着剤で接着した接着体は，航空宇宙，自動車などのハイテク産業において，構造体として使用されています [8-10]。近年，特に自動車産業では，カーボンニュートラルへの取り組みおよび CO_2 の排出規制に対して，燃費向上を目的とした車体の軽量化が行われており，従来のボルトによる固定ではなく，接着剤を用いた接合が期待されています [11-13]。

一方で，製造時のみならず廃棄までを考慮したライフサイクルアセスメ

ント (LCA) における環境負荷低減の観点から，解体やリサイクルを考慮した製品設計の必要性が高まっています [14,15]。車体を軽量化するための構造用接着体の研究開発では，接着体の強度や耐久性の向上に関する研究が行われていますが，その解体性については十分には検討されていません。一般的な自動車のリサイクルプロセスでは，使用済み自動車を回収後に解体し，再利用可能な部品を取り除いた後に破砕・粉砕して，有価金属などを選別した後の最終的な残渣は埋め立て処理されています [15]。

ところが，接着剤で強力に接合されている接着体は，手解体による被着体の剥離が困難です。従来の接着体分離では，加熱によって接着剤を劣化させて接着強度を低下させる，あるいは機械的に接着部を切断することや接着剤を酸で溶解することによる分離が行われてきました [16]。しかし，これらの方法は効率性，選択性，安全性，省エネルギー性などの観点から課題があるため，接着体の易解体技術の研究開発が必要となっています。

近年，電気パルスを用いた接着体の易解体に関する研究が行われてきました [7]。この研究により，接着体を分離するためには接着剤内で放電を発生させることが重要であることが示されました。そして，第 3 章の電磁界シミュレーションで示されたように，接着体の被着体にノッチを打刻すると接着剤内のノッチ先端に電界が集中し，接着剤内で放電が発生することが示されました [16]。また，この研究において，電気パルス印加直後からのノッチ打刻接着体の変形，分離の一連の挙動の可視化計測により，放電による接着剤のガス膨張に伴う膨張力が接着体を弾性変形させ，かつ接着剤から被着体を剥離させることが示されました。この膨張力は，接着剤と被着体の界面にせん断応力を発生させます。すなわち，被着体を剥離させるためには，被着体と接着剤の界面において接着力以上のせん断応力を発生させる必要があります。以下に，接着体に引張り荷重が作用した際の，被着体と接着剤との界面のせん断応力の解析モデルを示します [17]。

4.3.2　接着体への引張り荷重と接着剤強度の解析モデル

接着体の研究開発では，JIS K 6850 に定められている引っ張りせん断試用の試験片をモデルに使用することが一般的です。このモデルは 2 枚の被着体を接着剤で接着した接着体であり，単純重ね合わせ接着接手

(Single-Lap Joint, SLJ) と呼ばれています [17]。

本項では，図 4.9 に示すように，SLJ において 2 枚の被着体に引張り荷重 P [N] が作用した際の，接着剤のせん断応力について考えます。図 4.10 に，接着体の引張り荷重 P [N] と接着剤のせん断応力 τ [N/m^2] のシミュレーションモデル，およびせん断応力 τ と垂直応力 σ の要素を示します。図 4.9 において，上側の被着体の引張応力は A で最大，B でゼロとなるので，この被着体のひずみは A から B へ向かって漸減することになります。これにより，接着剤と被着体の界面でのせん断応力は均一にならず，図 4.9 の x 軸においてせん断応力の分布が発生します。

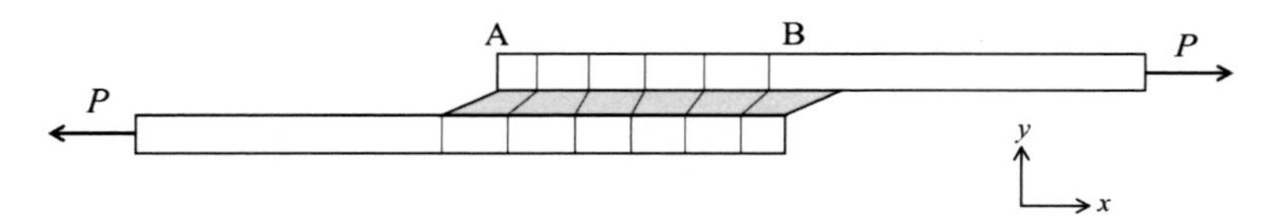

図 4.9　引張せん断時の単純重ね合わせ接着接手 (SLJ) の変形の模擬図

図 4.10 において，上側被着体の厚さと弾性率を t_1，E_1，下側被着体の厚さと弾性率を t_2，E_2，これら被着体の幅を b，接着剤の厚さとせん断弾性率を t_a，G_a とすると，x 軸における引張り荷重 P とこれら諸量の関係は Volkersen によって得られた微分方程式によって，以下の式 (4.23) で表されます [18]。

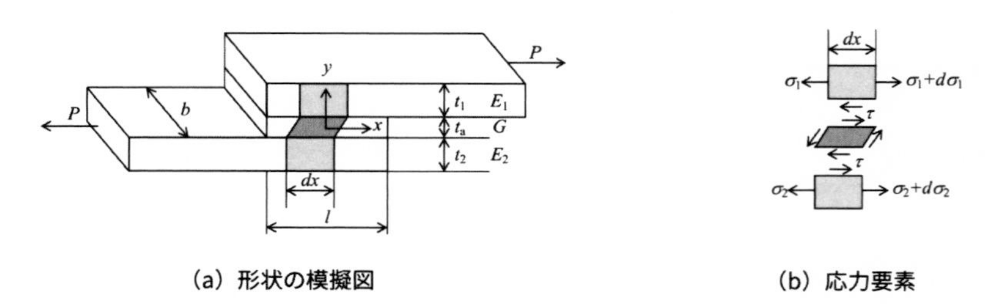

図 4.10　単純重ね合わせ接着接手 (SLJ) への引張せん断 [18]

$$\frac{d^2\sigma_2(x)}{dx^2} - \frac{G_a}{t_a}\left(\frac{1}{E_1t_1} + \frac{1}{E_2t_2}\right)\sigma_2(x) + \frac{P}{t_abE_2t_2t_1}G_a = 0 \tag{4.23}$$

式 (4.23) に接着体の物性値である t_1，t_2，E_1，E_2，t_a，G_a を代入することにより，P と $\sigma_2(x)$ の微分方程式になります。この微分方程式を解くことで P に対する $\sigma_2(x)$ が算出されます。　そして，せん断応力 τ は次式で計算されます [18]。

$$\tau = \frac{P}{bl}\frac{w}{2}\frac{\cosh(wX)}{\sinh(w/2)} + \left(\frac{t_1 - t_2}{t_1 + t_2}\right)\frac{w}{2}\frac{\sinh(wX)}{\cosh(w/2)} \tag{4.24}$$

ここで，l は接着剤の幅であり，

$$X = \frac{x}{l} \tag{4.25}$$

と定義されています。そして，$-0.5 \leq X \leq 0.5$ において，

$$w = \sqrt{\frac{G_al^2}{E_1t_1t_a}\left(1 + \frac{t_1}{t_2}\right)} \tag{4.26}$$

で計算されます [18]。

この $\tau(x)$ が JIS K 6850 の試験で得られる接着体の破断時のせん断応力 τ' と等しくなったとき，接着剤から被着体が分離します。すなわち，接着体を分離させるために必要な引張り荷重 P は，式 (4.24) に $\tau' = \tau$ を代入することにより解析することができます。

4.4　界面分離のための衝撃波の圧力解析

火薬，爆薬による爆発や放電で，固体内で高エネルギーが生じた場合，このエネルギーによって衝撃波が固体内を伝播します。この衝撃波により固体内は破壊され，また，固体内に異なる物質がある場合，この物質の界面で分離が発生します [19]。本節では，この分離を発生させる衝撃波の圧力を把握するために，衝撃波の物理現象と基礎方程式を説明し，界面における衝撃波の圧力の解析について紹介します。

4.4.1　衝撃波を利用した分離に関する研究

長年，資源循環の研究において，電気パルスを用いた鉱物やコンクリートの粉砕に関する研究が行われてきました [20-26]。これらの研究では，水中にて電気パルスの電極の正極と負極の間に粉砕対象物を設置し，電気パルスを印加させる ED(Electrical pulse Disintegration) 方式が使用されてきました [27-32]。図 4.11 に鉱物への ED の模擬図を示します。鉱物は密度および導電率，誘電率が異なる 2 種類以上の鉱物質で構成されています。鉱物にその絶縁破壊電圧以上の電圧を印加させた場合，誘電率が異なる 2 つの鉱物質の界面に通電経路が発生します。すなわち，この界面には電流が流れたことで電気パルスによる積算エネルギーが生じることになります。この積算エネルギーは衝撃波を発生させます。先行研究では，固体である鉱物に電気パルスを印加させた場合，絶縁破壊で鉱物内が破壊され，その衝撃波によって，2 つの鉱物質が界面から分離するものと考えられています [32]。

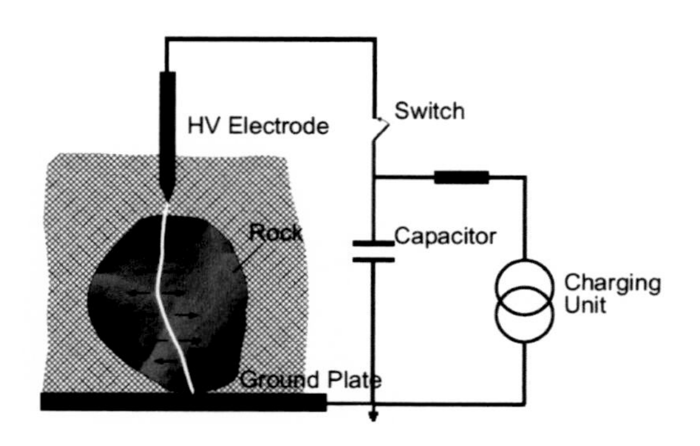

図 4.11　鉱物への ED(Electrical pulse Disintegration) の模擬図 [32]

衝撃波工学の観点から考えると，衝撃波の波面は非常に高圧力です。4.4.4 項で説明しますが，音響インピーダンスが異なる物質の界面において，衝撃波は圧縮応力と引張応力を発生させます。引張応力は 2 つの物質の界面の分離を発生させ，この分離現象はスポーリング現象，またはスポーリング破壊と呼ばれています [19]。そして，一連の衝撃波による界面分離は，ホプキンソン効果と呼ばれています。すなわち，衝撃波による界面分離を発生させるためには，固体中の衝撃波の圧力，音響インピーダンスが異なる固体の界面での衝撃波の透過・反射現象，その界面での圧力の状態を理解する必要があります。以下では，衝撃波の基礎的概念，衝撃波の基礎方程式，および音響インピーダンスを考慮した，界面における衝撃波の圧力伝播について紹介します。

4.4.2　衝撃波について

火薬，爆薬による爆発や放電で瞬間的に大量のエネルギーが放出される場合，爆発生成気体や放電時のプラズマは，音速を超えて周囲の媒体に向かって膨張します。例として，圧力が高い爆発生成気体は膨張するピストンとして作用し，この気体の周囲の圧力を圧縮させます。このとき，膨張する爆発生成気体のはるか前方の圧力の低い部分よりも，ピストンとして作用する圧力の高い部分の方が，伝播速度は大きくなります。よって，圧縮された媒体の圧力波形は次第に切り立って垂直になり，不連続な波面となります。この垂直の圧力波形を有する波面が衝撃波と呼ばれます。

図 4.12 に気体中を伝播する衝撃波前後の圧力状態の模擬図を記載します。衝撃波の伝播速度を U_s，衝撃波前方の領域（1）の気体の圧力を p_1，

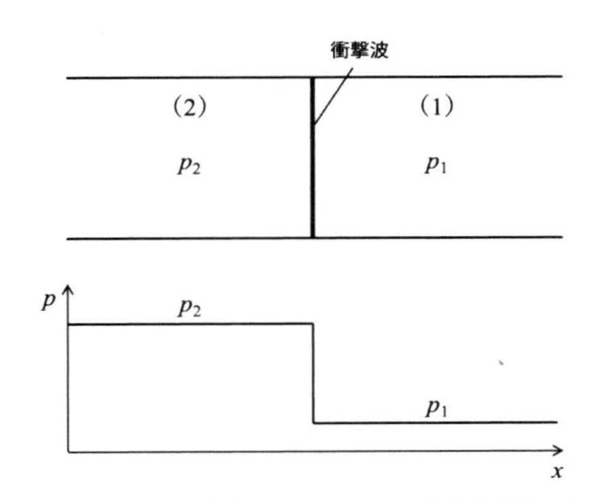

図 4.12　衝撃波前方と後方の圧力状態の模擬図

衝撃波後方の領域の圧力を p_2 とします。衝撃波の波面は高圧力を有し，衝撃波前方の圧力 p_1 は大気圧であり，まさに衝撃波の波面は圧力の垂直の崖としてとらえることができます。上述したように衝撃波はピストンのような圧縮で発生するため，衝撃波は縦波となり横波でないため，衝撃波の基礎方程式は sin 波，cos 波の形とはなりません。

気体，液体，固体のいずれの媒体中にも，瞬間的に大量のエネルギーが放出された場合，衝撃波が発生し媒体中を音速以上で伝播します。また，放電時のプラズマも，上記と同様に衝撃波を発生させます。

4.4.3　衝撃波の基礎方程式

上記で示したように，衝撃波は高圧力を有する波面です。そして，爆発や放電など高エネルギーの瞬間的な放出で発生する衝撃波は，3 次元的に球状に伝播しますが，理論的にはこの球状衝撃波の波面上ではどの位置でも圧力は同じとして考えます。よって，衝撃波の基礎方程式は 1 次元的に考えることができます。なお，衝撃波が気体中と固体中を伝播する場合，液体中の伝播と異なり気体と固体の粘性が衝撃波の形成に支配的にはならないため，気体と固体中での衝撃波の基礎方程式は同じとして考えることができます。

衝撃波の基礎方程式を理解するために，図 4.13 でピストンでの圧縮により気体中に衝撃波の波面が発生した状態，または，ハンマーにより固体中が圧縮されこの波面が発生した状態を考えます。ここで，衝撃波は 20 ℃の大気中では大気の音速 343.6 m/s，水中では 20 ℃での水の音速 1482 m/s，例えば固体である鉄では音速 5290 m/s の速度以上でこれら媒体内を伝播するため，衝撃波は強非定常現象であり，かつ高速現象です。したがって，衝撃波は高速現象であることから，衝撃波の基礎方程式では，外部からの熱のやり取りがない断熱過程，かつ可逆過程を有する等エントロピー過程を仮定として考えることになります。

衝撃波の基礎方程式は，連続の式（質量保存の式），運動量の式（オイラーの運動方程式），断熱過程でのエネルギーの式から構成されます [33-35]。以下に，これら式を順にそれぞれ示します。

$$\rho_0 U_s = \rho \left(U_s - U_p \right) \tag{4.27}$$

$$p - p_0 = \rho_0 U_s U_p \tag{4.28}$$

$$E - E_0 = \left(\frac{1}{\rho_0} - \frac{1}{\rho} \right) \left(\frac{p + p_0}{2} \right) \tag{4.29}$$

ここで，ρ は密度，U は速度，p は圧力です。E は単位重量あたりの内部エネルギーです。添え字の 0 は衝撃波の波面の前方の状態，s は衝撃波，p は衝撃波背後の気体や固体の粒子を意味しています。添え字なしは衝撃波の波面後方の状態です。

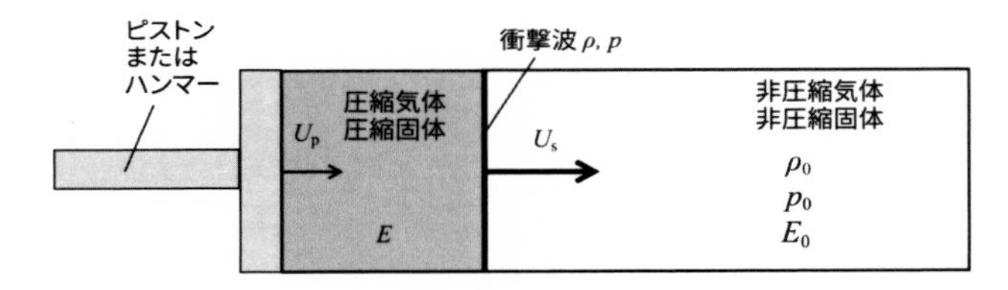

図 4.13　気体，固体中の衝撃波の波面前後の状態の模擬図

衝撃波の速度 U_s と粒子の速度 U_p には関係があります [35]。

$$U_s = a + bU_p \tag{4.30}$$

ここで，a は音速です。b は粒子速度に関するランキン–ユゴニオのパラメータであり，各元素に対して調査されている既値となります [35]。

気体の音速は気体定数 R と温度 T と比熱比 γ を用いて

$$a = \sqrt{\left(\frac{\partial p}{\partial \rho} \right)_s} = \sqrt{\gamma R T} \tag{4.31}$$

で計算されます。ここで添え字の s は等エントロピー過程を意味しています。また，気体ではよどみ点の圧力 p_0 に対して，等エントロピーの関係式より

$$\frac{p_0}{\rho_0^{\gamma}} = \frac{p_s}{\rho_s^{\gamma}} \tag{4.32}$$

となります。よって，$p = p_s$，$\rho = \rho_s$ および式 (4.27)，(4.28)，(4.29) より

$$\left\{1 - \left(\frac{p}{p_0}\right)^{-\frac{1}{\gamma}}\right\} \rho_0 {U_s}^2 - p + p_0 = 0 \tag{4.33}$$

となり，気中での衝撃波の速度 U_s と衝撃波背後の圧力 p の関係を求めることができます。また，式 (4.33) から算出された $p\,(U_s)$ と式 (4.32) を式 (4.29) に代入することで，この衝撃波の発生に必要な E を求めることができます。

一方で，固体では音速は次式で計算されます。

$$a = \sqrt{\frac{K_0 + \frac{4G}{3}}{\rho}} \tag{4.34}$$

ここで，K_0 は体積弾性率，G はせん断弾性率です。固体においては，衝撃波に伴う圧縮性を考慮した固体の状態方程式の使用を考えることになります。以下に P. Vient らによる圧縮された固体の状態方程式 [36] を示します。

$$p(x) = 3K_0 \left[(1 - x)/x^2\right] \exp\left[1.5\left(K_0' - 1\right)(1 - x)\right] \tag{4.35}$$

$$x = \left(\frac{V}{V_0}\right)^{\frac{1}{3}} \tag{4.36}$$

ここで，K_0 は体積弾性率，V_0 は初期条件の体積，V は圧縮時の体積です。

K_0 は式 (4.37) より次式で求められます。また K_0' は次式の関係があります。

$$K_0 = a^2 \rho - \frac{4G}{3} \tag{4.37}$$

$$K_0' = 4b - 1 \tag{4.38}$$

衝撃波の波面では V/V_0 は以下で計算されます [35]。

$$\frac{V}{V_0} = 1 - \frac{U_p}{U_s} \tag{4.39}$$

すなわち，式 (4.27)〜(4.29)，式 (4.35)〜(4.39) を連立させることで，固体での衝撃波の U_s と P，および，E を計算することになります。

ここで，衝撃波は波面で伝播し，物体には面で衝撃波の圧力が作用します。圧力の単位は Pa であり，応力の単位も Pa であることから，作用する衝撃波の圧力は物体に作用する応力として考えることができます。よって，衝撃波の速度から衝撃波の圧力が分かり，物体に作用する衝撃波の応力が分かり，かつこの圧力の発生に必要な単位重量あたりの内部エネルギーが求まります。

4.4.4　音響インピーダンスを考慮した衝撃波の圧力伝播

2つの固体，固体と気体，液体と気体など，異なる媒体1から媒体2に伝播するときの衝撃波（入射衝撃波）は，これらの媒体の界面で圧力の一部が媒体2に向かって透過波（透過衝撃波）として透過し，また，媒体1に向かって反射波（反射衝撃波）として反射します。この界面における入射衝撃波と透過・反射衝撃波の様子の模擬図を，図 4.14 に示します。それぞれ媒体では密度と音速が異なるため，その積で計算される音響インピーダンスも異なります。

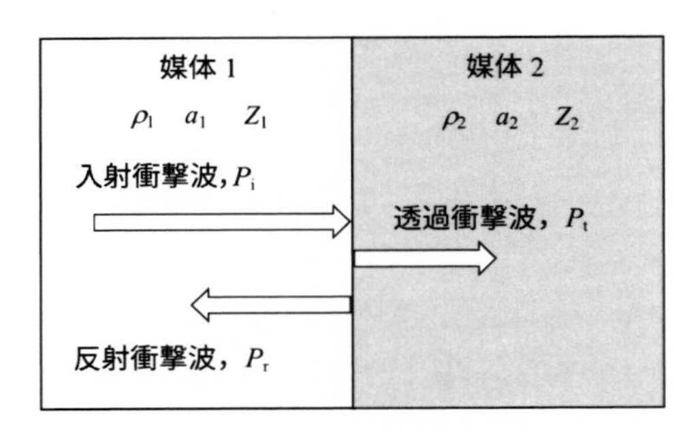

図 4.14　異なる媒体の界面における衝撃波の透過と反射の模擬図

媒体1と2の音響インピーダンスをそれぞれ Z_1 と Z_2 すると，界面への衝撃波の入射圧力 P_i と透過圧力 P_t と反射圧力 P_r は，音響工学より次式で計算されます [37]。

$$P_i + P_r = P_t \tag{4.40}$$

$$P_t = T_p P_i = \frac{2Z_2}{Z_1 + Z_2} P_i \tag{4.41}$$

$$P_r = \left(T_p - 1\right) P_i = \frac{Z_2 - Z_1}{Z_1 + Z_2} P_i \tag{4.42}$$

$$T_p = \frac{2Z_2}{Z_1 + Z_2} \tag{4.43}$$

Z_1 と Z_2 は媒体 1 の音速 a_1 と密度 ρ_1，媒体 2 の音速 a_2 と密度 ρ_2 を用いて，それぞれ次式で計算されます。

$$Z_1 = \rho_1 a_1 \tag{4.44}$$

$$Z_2 = \rho_2 a_2 \tag{4.45}$$

表 4.1 に代表的な媒体の密度，音速と音響インピーダンスの値を示します。

表 4.1　各媒体での密度，音速，音響インピーダンス

媒体	密度 ρ [kg/m³] (20℃)	音速 a [m/s] (20℃)	音響インピーダンス Z [kg/m²s]
大気	1.293	343.6	444.3
水	998.2	1482	1.479×10^6
エポキシ樹脂	1850	2700	4.995×10^6
Fe	7860	5290	41.58×10^6
Al	2700	6420	17.33×10^6

ここで，媒体 1 が Fe，媒体 2 が Al，すなわち $Z_1 > Z_2$ の場合のモデルを考えてみます。Fe 内の入射衝撃波の圧力 P_i が 20.0 MPa として，このモデルの模擬図を図 4.15 に示します。式 (4.40)〜(4.45) を用いて計算をすると，媒体の界面での透過衝撃波圧力 P_t は 11.77 MPa，反射衝撃波圧力 P_r は −8.23 MPa となります。ここで，P_t が正の値であることから，界面から媒体 2 に向かって圧縮力が作用し，P_r が負の値であることから膨張する力，すなわち引張力が働くことになります。よって，界面での圧縮力と引張力がこの 2 つの媒体の接着力または固着力以上である場合，界

面から分離が発生し，スポーリング現象が発生することになります。

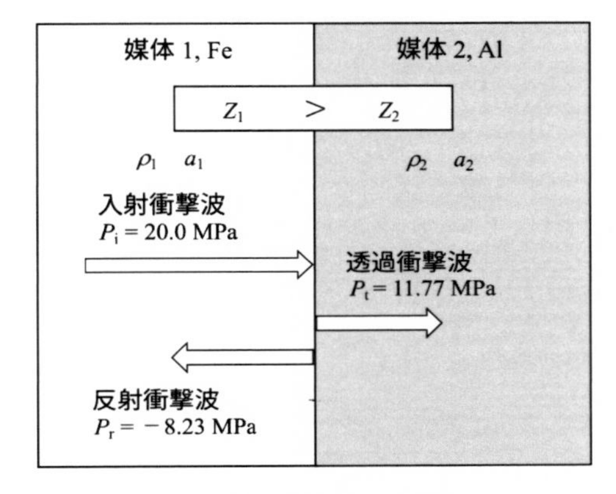

図 4.15　Fe と Al の界面での衝撃波の透過圧力 P_t，反射圧力 P_r

以上より，衝撃波による分離をきちんとシミュレーションをするためには，音響インピーダンスを考慮した式 (4.40)〜(4.45) をシミュレーションコードに代入して界面の衝撃波圧力の透過圧力と反射圧力を計算し，界面におけるこれら圧力による圧縮応力と引張応力を計算することが重要となります。

参考文献

[1]　日本機械学会：『JSME テキストシリーズ材料力学』，丸善出版（2007）.

[2]　荒井政大，後藤圭太：『JSME やさしいテキストシリーズ基礎からの材料力学』，森北出版（2021）.

[3]　Tokoro, C., Lim, S., Teruya, K., Kondo, M., Mochidzuki, K., Namihira, T., Kikuchi, Y.：Separation of cathode particles and aluminum current foil in Lithium-Ion battery by high-voltage pulsed discharge Part I: Experimental investigation, *Waste Management*, Vol.125, pp.58-66（2021）.

[4]　Teruya, K., Lim S., Mochidzuki K., Koita T., Mizunoto F., Asao M., Namihira T., Tokoro C.：Utilization of underwater electrical pulses in separation process for recycling of positive electrode materials in lithium-ion batteries: Role of sample

size, *International Journal of Plasma Environmental Science and Technology*, Vol.16, No.1, e01003（2022）.

[5] Tokoro, C., Lim, S., Sawamura, Y., Kondo, M., Mochidzuki, K., Koita, T., Namihira, T., Kikuchi, Y.：Copper/silver recovery from photovoltaic panel sheet by electrical dismantling method, *International Journal of Automation Technology*, Vol.14, pp.966-974（2020）.

[6] Lim, S., Imaizumi, Y., Mochidzuki, K., Koita, T., Namihira, T., Tokoro, C.：Recovery of Silver from Waste Crystalline Silicon Photovoltaic Cells by Wire Explosion, *IEEE Transactions on Plasma Science*, Vol.49, Issue 9, pp.2857-2865（2021）.

[7] Koita, T., Kondo, M., Lim, S., Inutsuka, M., Namihira, T., Oyama, S., Tokoro, C.：Application of Simple Notch to Selective Separation of Adherend Bonded with Resin Adhesive by Pulsed Discharge in Air, *IEEE Transactions on Plasma Science*, Vol.49, Issue12, pp.3860-3872（2021）.

[8] Banea, M. D., Da Silva, L. F. M.：Adhesively bonded joints in composite materials: An overview, *Proc. Inst. Mech. Eng. Part J. Mater. Des. Appl.*, Vol.223, No.1, pp.1-18（2009）.

[9] Taub, A., De Moor, E., Luo, A., Matlock, D. K., Speer, J. G., Vaidya, U.：Materials for Automotive Lightweighting, *Annual Review of Materials Research*, Vol.49. p.359（2019）.

[10] Yang, Y., Boom, R., Irion, B., Heerden, D. J. van, Kuiper, P., Wit, H. de：Recycling of composite materials, *Chem. Eng. Process. Process Intensif.*, Vol.51, pp.53-68（2012）.

[11] Barnes, T. A., Pashby, I. R.：Joining techniques for aluminum spaceframes used in automobiles. Part II - adhesive bonding and mechanical fasteners, *J. Mater. Process. Technol.*, Vol.99, No.1, pp.72-79（2000）.

[12] Hirsch, J.：Aluminium in innovative light-weight car design, *Mater. Trans.*, Vol.52, No.5, pp.818-824（2011）.

[13] Czerwinski, F.：Current trends in automotive lightweighting strategies and materials, *Materials*, Vol.14, No.21（2021）.

[14] Mayyas, A., Qattawi, A., Omar, M., Shan, D.：Design for sustainability in automotive industry: A comprehensive review, *Renew. Sustain. Energy Rev.*, Vol.16, No.4, pp.1845-1862（2012）.

[15] Tian, J., Chen, M.：Sustainable design for automotive products: Dismantling and recycling of end-of-life vehicles, *Waste Manag.*, Vol.34, No.2, pp.458-467（2014）.

[16] Banea, M. D.：Debonding on demand of adhesively bonded joints: A critical review, *Rev. Adhes. Adhes.*, Vol.7, No.1, pp.33-50（2019）.

[17] *Strength prediction of adhesively-bonded joints*（eds. Campilho Raul D. S. G.）, CRC Press（2017）.

[18] Volkersen, O.：Die Nietkraftverteilung in zugbeanspruchten Nietverbindungen

mit konstanten Laschenquerschnitten, *Luftfahrtfor schung*, Vol.15, pp.41-47 (1938) .

[19] Meyers, M. A. : *Dynamic behavior of materials*, John wiley & sons, pp.523 (1994) .

[20] Andres, U. : Electrical Disintegration of Rock, *Mineral Processing and Extractive Metullargy Review*, Vol.14, No.2, pp.87-110 (1995) .

[21] Andres, U., Jirestig, J., Timoshkin, I. : Liberation of minerals by high-voltage electrical pulses, *Powder Technology*, Vol.104, No.1, pp.37-49 (1999) .

[22] Ito, M., Owada, S., Nishimura, T., Ota, T. : Experimental study of coal liberation: Electrical disintegration versus roll-crusher comminution, *Int. J. Miner. Process.*, Vol.92, No.1-2, pp.7-14 (2009) .

[23] Yan, F., Xu, J., Peng, S., Zou, Q., Li, Q., Long, K., Zhao, Z. : Effect of capacitance on physicochemical evolution characteristics of bituminous coal treated by high-voltage electric pulses, *Powder Technol.*, Vol.367, pp.47-55 (2020)

[24] Inoue, S., Araki, J., Aoki, T., Maeda, S., Iizasa, S. : Coarse aggregate recycling by pulsed discharge inside of concrete, *Acta Phys. Pol. A*, Vol.115, No.6, pp.1107-1109 (2009) .

[25] Inoue, S., Iizasa, S., Wang, D., Namihira, T., Shigeishi, M., Ohtsu, M., Akiyama, H. : Concrete recycling by pulsed power discharge inside concrete, *Int. J. Plasma Environ. Sci. Technol.*, Vol.6, No.2, pp.183-188 (2012) .

[26] Namihira, T., Wang, D., Akiyama, H. : Pulsed power technology for pollution control, *Acta Phys. Pol. A*, Vol.115, No.6, pp.953-955 (2009) .

[27] Andres, U. : Electrical disintegration of rock, *Mineral Processing and Extractive Metullargy Review*, Vol.14, Issue2, pp.87-110 (1995) .

[28] Ito, M., Owada, S., Nishimura, T., Ota, T. : Experimental study of coal liberation: electrical disintegration versus roll-crusher comminution, *International Journal of Mineral Processing*, Vol.92, Issue1-2, pp.7-14 (2009) .

[29] Fujita, T., Yoshimi, I., Shibayama, A., Miyazaki, T., Abe, K., Sato, M., Yen, W. T., Svoboda, J. : Crushing and liberation of materials by electrical disintegration, *The European Journal of Mineral Processing and Environmental Protection*, Vol.1, No.2, pp.113-122 (2001) .

[30] Andres, U., Timoshkin, I., Soloviev, M. : Energy consumption and liberation of minerals in explosive electrical breakdown of ores, *Mineral Processing and Extractive Metallurgy*, Vol.110, Issue3, pp.149-157 (2001) .

[31] Fukushima, K., Kabir, M., Kanda, K., Obara, N., Fukuyama, M., Otsuki, A. : Simulation of Electrical and Thermal Properties of Granite under the Application of Electrical Pulses Using Equivalent Circuit Models, *Materials*, Vol.15, No.3, p.1039 (2022) .

[32] Bluhm, H. : *Pulsed Power Systems: Principles and Applications*, pp.283, Springer (2014) .

[33] 佐宗章弘：『圧縮性流体力学・衝撃波』, コロナ社 (2017) .

[34] 杉山弘：『圧縮性流体力』，森北出版（2014）.

[35] Batsanov, S.S.：*Shock and Materials*, pp.1-20, Springer（2018）.

[36] Vinet, P., Smith, J. R., Ferrante, J., Rose, J. H.: Temperature effects on the universal equation of state of solids, *Physical Review B*, Vol.35, Issue4（1987）.

[37] 生井武文，松尾一泰：『衝撃波の力学』，コロナ社（1983）.

第5章

分離技術開発のための粉体シミュレーション

第2章で紹介した通り，資源を利用するための分離技術は，物理的分離と化学的分離に大別されます。物理的分離では，粒径，密度，色度，磁気的特性，電気的特性，水に対する濡れ性など，様々な物理的あるいは物理化学的特性の違いを利用して，固体を固体のまま分離します。物理的分離の精度を向上させるためには，分離プロセスにおいて固体の集合体である粉体の挙動を把握し，適切に制御することが重要になります。本章では，粉体挙動の把握に有用な粉体シミュレーション手法について，概要と基本的な計算方法を説明するとともに，分離技術開発のための粉体シミュレーションの適用事例を紹介します。

5.1　粉体シミュレーションの概要

計算機の性能は年々向上しており，粉体の関わる様々な現象やプロセスの解明に対して，数値シミュレーションが非常に強力なツールとなりつつあります。ここでは，粉体シミュレーションの利点と手法について紹介します。

5.1.1　粉体シミュレーションの利点

粉体シミュレーションには，大きく３つの利点があります。１つ目の利点は，装置内の粉体挙動を自由に可視化できることです。粉体挙動を実験的に観察することもできますが，そのためには，装置の一部にのぞき窓を設置したり，装置断面を透明な素材で作製したりする必要があります。また，このような工夫をこらして撮影することができたとしても，粉体の表層付近など限定的な領域しか粉体挙動を観察することができません。そのため，実験では観察困難である装置内部における粉体挙動をあらゆる角度から可視化できることは，粉体シミュレーションの大きな利点です。２つ目の利点は，粉体を構成する個々の粒子の様々な物理量を定量的に把握できることです。粒子の位置や速度は実験的に計測することもできますが，計測できる領域は限られます。したがって，実験的に計測することが困難な物理量（例えば，粒子の位置，速度，粒子に作用する力など）を定量的に得られることも，粉体シミュレーションの大きな利点です。３つ目の利点は，初期条件や境界条件を容易に変更したり，仮想的な条件を設定したりできることです。そのため，仮想空間上ではありますが，様々な装置形状における粉体挙動をシミュレーションすることができます。

5.1.2　粉体シミュレーションの手法

粉体挙動をシミュレーションする手法は，連続体モデルと不連続体モデルの２つに大別されます。連続体モデルでは，粉体を高粘性流体や粘弾性流体とみなして，粉体と流体をそれぞれ連続流体と仮定してシミュレーションする二流体モデル (two fluid model) が広く用いられています。二流体モデルでは，計算負荷は流体格子の解像度に依存するため，粉体粒子の個数や濃度からは影響を受けません。しかしながら，構成方程式の数が多く複雑であるため，一般に計算負荷は大きくなります。また，粉体を連続流体と仮定しているため，個々の粒子挙動を追跡することができません。そのため，物理的分離プロセスへの適用は困難であると考えられます。

不連続体モデルでは，粉体を個々の粒子の集合体と仮定します。不連続体モデルとしては，Multi-Phase Particle in Cell 法，Cellular Automaton 法や離散要素法 (Discrete Element Method, DEM) などが挙げられ，物理的分離プロセスへは，離散要素法の適用事例が多くあります。これは，離散要素法が比較的単純なモデルであり，かつ計算精度が高く，様々な物理モデルを組み込むことができるからです。次節から，離散要素法について詳しく紹介します。

5.2　離散要素法の基礎方程式

離散要素法 [1] は，1979 年に Cundall と Struck によって提案されました。離散要素法では，個々の粒子の運動方程式を計算することで，粒子群全体の挙動を計算します。細かい時間刻みで計算し，近接粒子との相互作用だけを考慮します。一般に，以下の仮定に基づいて粒子挙動を解析します [2]。

・粒子は，変形しない球形剛体であると仮定する。
・粒子は，それぞれ独立に並進および回転する。
・粒子間の接触は，点または微小領域で定義する。
・粒子間の接触では，粒子同士がわずかに重なり合うことを許容する。
・粒子間の接触力は，接触している粒子間にのみ作用する。

ここでは，離散要素法における粒子の運動方程式と粒子に作用する接触力について説明します。

5.2.1　粒子の運動方程式

粒子の運動は，ニュートンの運動方程式で計算されます。粒子の並進運動と回転運動は，それぞれ次式で表されます。

$$m\frac{dv}{dt} = \sum \boldsymbol{F} \tag{5.1}$$

$$I\frac{d\boldsymbol{\omega}}{dt} = \sum \boldsymbol{T} \tag{5.2}$$

ここで，m は粒子の質量，v は粒子の速度，$\boldsymbol{F}$ は粒子に作用する力，$\boldsymbol{\omega}$ は粒子の角速度，I は粒子の慣性モーメント，$\boldsymbol{T}$ は粒子に作用するトルク，t は時間を表しています。粒子に作用する力 $\boldsymbol{F}$ は，粒子の接触点ごとに計算される接触力 $\boldsymbol{F}_c$ およびその他の作用力 F_o の和で計算されます。

$$\boldsymbol{F} = \sum \boldsymbol{F}_c + \boldsymbol{F}_o \tag{5.3}$$

粒子に作用する外力としては，重力，磁力，静電気力，付着力，流体抗力などが挙げられます。例えば，接触力以外の作用力として，重力だけが作用する場合，作用力 $\boldsymbol{F}_o$ は，

$$\boldsymbol{F}_o = m\boldsymbol{g} \tag{5.4}$$

と表されます。ここで，$\boldsymbol{g}$ は重力加速度を表しています。

また，粒子に作用するトルクは，粒子から接触点までの位置ベクトル $\boldsymbol{r}$ と粒子の接触力の接線方向成分の外積 $\boldsymbol{F}_{c_t}$ の総和として，以下のように定義されます。

$$\boldsymbol{T} = \sum \boldsymbol{r} \times \boldsymbol{F}_{C_t} \tag{5.5}$$

5.2.2　粒子に作用する接触力

離散要素法では，粒子間の接触力は，接触している粒子間のみに作用すると仮定して計算します。まず，粒子の接触について考えてみます。図 5.1 に示すように，粒子 i のまわりに粒子 a，b，c，d，e が存在するとします。ここで粒子 i に着目すると，粒子 a と粒子 b に接触しており，粒子 c，粒子 d および粒子 e には接触していません。粒子に作用する接触力は，着

目した粒子を基準とした2体衝突の総和で計算することができます。そのため，粒子 i に作用する接触力は，粒子 i と粒子 a の接触力と粒子 i と粒子 b の接触力の足し合わせで計算されます。また，粒子 a に着目すると，粒子 i と粒子 d に接触しているため，粒子 a に作用する接触力は，粒子 a と粒子 i の接触力と粒子 a と粒子 d の接触力の足し合わせで計算されます。

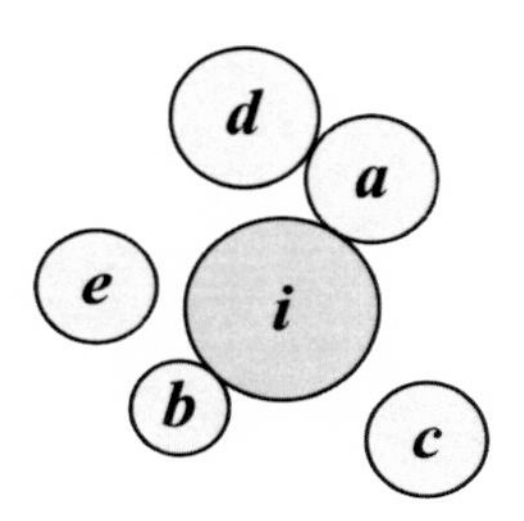

図 5.1　粒子 i と近接粒子 $a \sim e$

次に，粒子間の接触力の計算方法を説明します。粒子に作用する接触力は，着目した粒子を基準とした2体衝突の総和で計算されます。そこで，2体衝突に着目してみます。離散要素法では，図5.2に示すように，粒子間接触において粒子同士がわずかに重なり合うことを許容すると仮定します。ここで，粒子が球形であると仮定すると，粒子間の重なりは，接触し

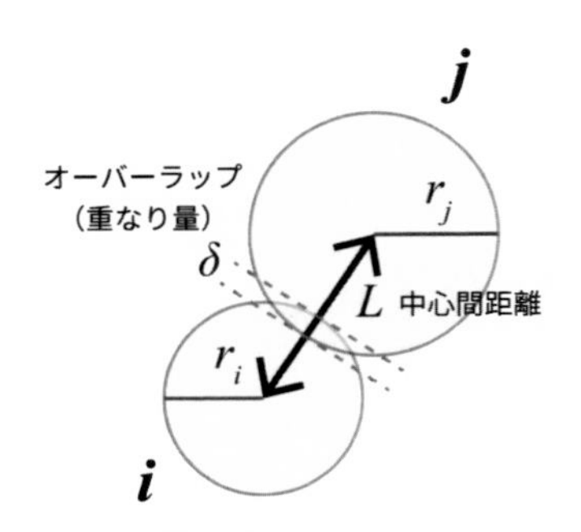

図 5.2　粒子間接触における粒子同士の重なり

ている粒子の中心間距離とそれぞれの半径から，以下のように計算することができます。

$$\delta = L - \left(r_i + r_j\right) \tag{5.6}$$

ここで，δ は粒子間の重なり量（オーバーラップ量），r は粒子半径，下付き添え字の i および j は着目している粒子 i および粒子 j をそれぞれ表しています。この重なり量に基づいて弾性力を計算することで，粒子の跳ね返りをモデル化します。すなわち，粒子間の重なり量をばねの変位として，ばね定数 k とかけ合わせることで，弾性力 F_e を計算することができます。

$$F_e = -k\delta \tag{5.7}$$

弾性力のモデルには，非線形ばねモデルと線形ばねモデルの 2 種類があります。非線形ばねモデルでは，ヘルツの弾性接触理論に基づいて，粒子固有の物性であるヤング率とポアソン比をばねのパラメータに関連付けることができます。一方，線形ばねモデルでは，ばね定数をヤング率とみなして物性値と関連付ける場合や，仮想的な値を用いる場合があります。既往研究では，粒子間の重なりが粒径の 0.1〜1.0% 程度までの範囲にある場合に，系全体の粒子挙動を適切に計算できることが報告されています [3,4]。以下では，構成方程式が単純である線形ばねを用いた場合の接触力の計算方法を紹介します。

離散要素法における接触力の計算には，図 5.3 に示す Voigt モデルがよ

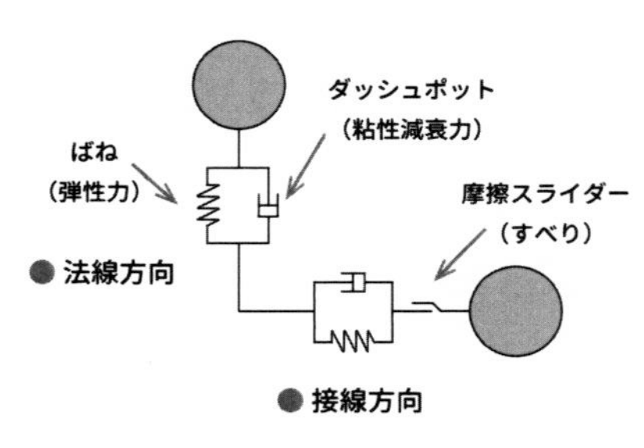

図 5.3　Voigt モデル

く用いられます。Voigt モデルは，ばね，ダッシュポットおよび摩擦スライダーから構成されるモデルです。このモデルでは，ばねが弾性力，ダッシュポットが粘性減衰力，摩擦スライダーが摩擦による滑りをそれぞれ模擬しています。また，Voigt モデルでは，粒子に作用する接触力を，法線方向と接線方向に成分を分けて計算します。

Voigt モデルにおける法線方向に作用する接触力 $\boldsymbol{F}_{C_n}$ は，弾性力と粘性減衰力の足し合わせで，以下の式で計算されます。

$$\boldsymbol{F}_{C_n} = -k\boldsymbol{\delta}_n - \eta \boldsymbol{v}_{r_n} \tag{5.8}$$

ここで，k はばね定数，η は粘性減衰係数，$\boldsymbol{\delta}_n$ は粒子間（粒子 i と粒子 j の間）の重なり量（オーバーラップ量）の法線方向成分，$\boldsymbol{v}_{r_n}$ は粒子 i と粒子 j の相対速度の法線方向成分をそれぞれ表しています。オーバーラップ量の法線方向成分は，粒子の中心間距離 L と粒子 i の半径 r_i および粒子 j の半径 r_j から，

$$\boldsymbol{\delta}_n = \left(L - \left(r_i + r_j\right)\right) \boldsymbol{n}_{ij} \tag{5.9}$$

と計算されます。ここで，$\boldsymbol{n}_{ij}$ は粒子 j の中心から粒子 i に向かう単位法線ベクトルです。単位法線ベクトルは，粒子 i の位置ベクトル $\boldsymbol{x}_i$ と粒子 j の位置ベクトル $\boldsymbol{x}_j$ から，以下の式で計算されます。

$$\boldsymbol{n}_{ij} = \frac{\boldsymbol{x}_i - \boldsymbol{x}_j}{\left|\boldsymbol{x}_i - \boldsymbol{x}_j\right|} \tag{5.10}$$

また，粒子 i と粒子 j の相対速度の法線方向成分は，粒子 i と粒子 j の相対速度に単位法線ベクトルをかけ合わせることで計算されます。

$$\boldsymbol{v}_{r_n} = \left(\boldsymbol{v}_i - \boldsymbol{v}_j\right) \boldsymbol{n}_{ij} \tag{5.11}$$

ここで，$\boldsymbol{v}_i$ は粒子 i の速度，$\boldsymbol{v}_j$ は粒子 j の速度をそれぞれ表しています。

接線方向に作用する接触力 $\boldsymbol{F}_{C_t}$ は，法線方向と同様に，弾性力と粘性減衰力の足し合わせで，以下の式で計算されます。

$$\boldsymbol{F}_{C_t} = -k\boldsymbol{\delta}_t - \eta \boldsymbol{v}_{r_t} \tag{5.12}$$

ここで，$\boldsymbol{\delta}_t$ は粒子間（粒子 i と粒子 j の間）の重なり量（オーバーラップ量）の接線方向成分，$\boldsymbol{v}_{r_t}$ は粒子 i と粒子 j の相対速度の接線方向成分です。オーバーラップ量の接線方向成分は，粒子 i が粒子 j に接触し始めた時点 $(t = t_{\mathrm{start}})$ から離れる時点 $(t = t_{\mathrm{end}})$ までの間，粒子 i と粒子 j の相対速度の接線方向成分と時間刻みをかけ合わせて積算することで算出します。

$$\boldsymbol{\delta}_t = \left| \int \boldsymbol{v}_t dt \right| \tag{5.13}$$

また，粒子 i と粒子 j の相対速度の接線方向成分は，粒子 i と粒子 j の相対速度から相対速度の法線方向成分を差し引き，粒子の回転に伴う角速度を足し合わせることで，以下のように算出します。

$$\boldsymbol{v}_{r_t} = \left(\boldsymbol{v}_i - \boldsymbol{v}_j\right) - \boldsymbol{v}_{r_n} + \left(r_i \boldsymbol{\omega}_i + r_j \boldsymbol{\omega}_j\right) \times \boldsymbol{n}_{ij} \tag{5.14}$$

ここで，$\boldsymbol{\omega}_i$ および $\boldsymbol{\omega}_j$ は，それぞれ粒子 i および粒子 j の角速度を表しています。

粒子間の接触において，滑りが生じる場合，すなわち，$|F_{C_n}| > \mu |F_{C_t}|$ である場合には，接触力の接線方向成分は以下のように計算されます。

$$\boldsymbol{F}_{C_t} = -\mu \left|\boldsymbol{F}_{C_n}\right| \boldsymbol{t}_{ij} \tag{5.15}$$

ここで，μ は摩擦係数であり，$\boldsymbol{t}_{ij}$ は単位接線方向ベクトルを表しています。

粘性減衰係数は，反発係数 e と以下のように関係づけることができます。

$$\eta = -2 \ln e \left(\sqrt{\frac{km}{\ln^2(e) + \pi^2}} \right) \tag{5.16}$$

接触力の計算は，接触中の粒子全てに対して行います。離散要素法では，計算の効率化を図るため，作用–反作用の法則を用いることで，粒子間の接触力の計算をそれぞれの接触に対して 1 度だけ行います。

5.3　離散要素法の計算アルゴリズム

ここでは離散要素法の計算アルゴリズムを説明します。一般的な計算フローを図 5.4 に示します。初期条件の設定では，粒子のパラメータや初期位置，初速を設定するとともに，解析領域として壁面等の境界条件を設定します。接触判定では，解析対象の粒子が他の粒子と接触しているかどうかの判定を行います。接触力の計算では，接触判定にて接触していると判定された粒子に対して作用する接触力を計算します。外力の計算では，解析対象の全粒子に対して重力などの仮定した外力が作用する場合に，それぞれの外力の計算モデルに基づいて作用する外力を計算します。なお，初期条件の設定は，計算開始時に 1 回だけ行います。接触判定から粒子の速度と位置の更新は，指定した時間ステップの数だけ繰り返し行います。

以下では，離散要素法の計算アルゴリズムの中でも重要な，粒子の接触判定，壁面のモデリング手法，速度と位置の更新方法について紹介します。

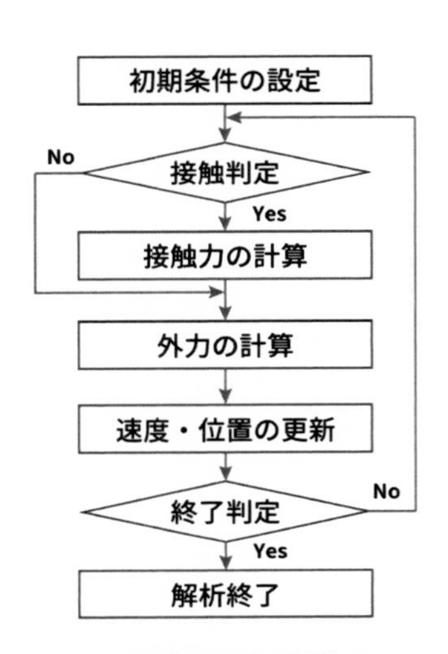

図 5.4　離散要素法の計算フロー

5.3.1　粒子の接触判定

粒子の接触判定は，図 5.5 に示すように，中心間距離と接触判定対象の粒子半径の和を比較して行います。中心間距離よりも接触判定対象の粒子半径の和が大きい場合は，粒子は接触していると判定します。一方，中心間距離よりも接触判定対象の粒子半径の和が小さい場合は，粒子は接触していないと判定します。このように中心間距離と接触判定対象の粒子半径の和を比較するだけで接触判定することができるのは，粒子が球形であると仮定しているからです。実際の粉体は一般的には非球形ですが，離散要素法では球形と仮定することで粉体挙動をより簡単に解析することができます。

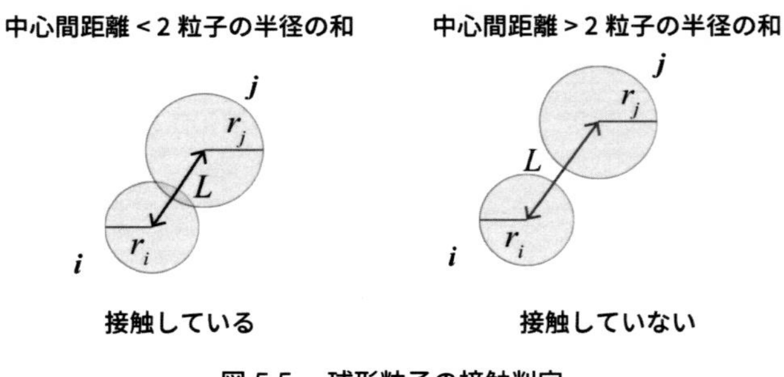

図 5.5　球形粒子の接触判定

粒子の位置は時時刻刻と変化していくため，粒子の接触状態も時時刻刻と変化します。そのため，各時間ステップにおいて，全ての粒子に対して接触判定を行う必要があります。計算対象となる粒子数を N とすると，全粒子に対して ${}_nC_{n-1} = n(n-1)$ の接触判定が必要となります。そのため，計算対象となる粒子数が多くなるにつれて，接触判定の計算コストも莫大になります。したがって，離散要素法では，粒子の接触判定が最も計算のボトルネックになります。

そこで，より効率よく離散要素法の計算を行うために，接触判定を効率よく処理するためのアルゴリズムが提案されています [5-8]。これらの接触判定のアルゴリズムでは，それぞれの粒子に対して，全粒子ではなく，近傍にある粒子のみを対象とすることで，接触判定の計算コストを小さくします。近傍粒子を効率よく探索するためには，計算領域を格子状に分割し，それぞれの粒子を分割した格子に割り当てる方法が広く用いられます。例えば2次元体系の場合では，分割する格子を粒径と同じ長さの正方形と仮定すると，接触判定を行う際に，着目する粒子が登録されている格子およびそれに隣接している格子（合わせて 3^2 個の格子）に登録されている粒子のみを接触判定の対象とすることができます（図 5.6)。3次元体系の場合では，分割する格子を粒径と同じ長さの立方体と仮定することで，着目する粒子が登録されている格子およびそれに隣接している格子（合わせて 3^3 個の格子）に登録されている粒子のみを接触判定の対象とすることができます。

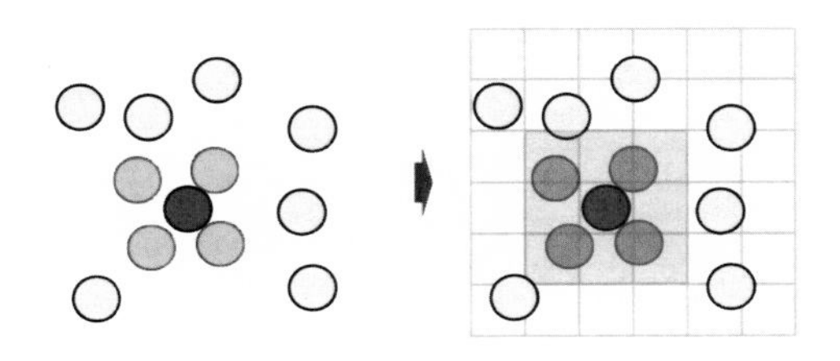

図 5.6　近傍粒子探索のための空間分割

5.3.2　壁面のモデリング手法

離散要素法において粒子挙動を解析するためには，解析対象となる境界条件をモデル化する必要があります。離散要素法における代表的な壁面のモデリング手法として，壁粒子を用いたモデル，方程式を用いたモデル，三角メッシュを用いたモデル，符号付距離関数を用いた壁境界モデルが挙げられます。

壁粒子を用いたモデルは，図 5.7 に示すように壁面境界に壁粒子を配置する方法です。このモデルでは，粒子と壁面間の接触判定のアルゴリズムが，粒子間の接触判定のアルゴリズムとほとんど同じであるため，比較的容易に解析できます。また，壁粒子の位置を自在に設定することができるため，任意の壁形状をモデル化することができます。

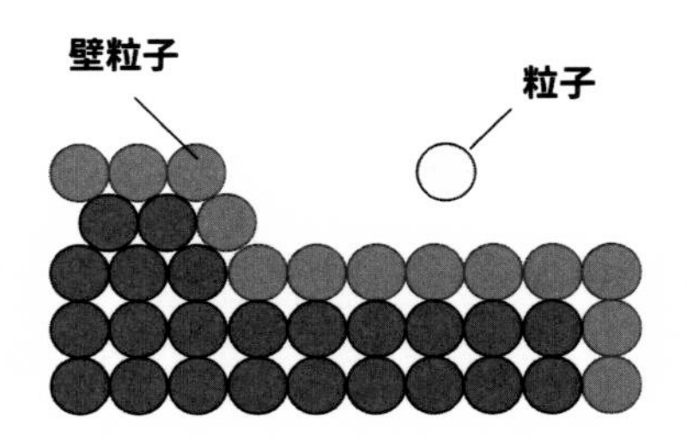

図 5.7　壁粒子を用いた壁面モデリングの例

しかしながら，壁粒子を用いたモデルには欠点があります。図 5.7 に示すように壁粒子を規則正しく配置すると，その表面に凹凸が生じてしまい，滑らかな表面をモデル化することができません。また，壁面境界を壁粒子の表面あるいは壁粒子の中心のどちらか一意に決めることができず，装置の寸法を適切にモデル化することができません。また，装置の形状や寸法によっては，必要となる壁粒子の数が莫大になり，それに合わせて計算コストが莫大になることも欠点と言えます。

方程式を用いたモデルでは，平面の方程式や曲面の方程式を用いて壁面境界をモデル化します。壁面形状が方程式によってモデル化されると，粒子–壁面間の接触判定アルゴリズムが最も容易となります。したがって，方程式を用いた壁面境界のモデルは，円柱形状のサイロやミル，直方体形状の流動装置のような単純な装置形状を有する系に適用されています。しかしながら，複雑な壁面形状は方程式の組み合わせだけでは表現できないため，このモデルの適用範囲は単純な装置形状に限られます。

三角メッシュを用いたモデルでは，多数の三角要素を組み合わせて壁面境界をモデル化し，任意の装置形状を表現できます。壁粒子を用いたモデルとは異なり，滑らかな壁面境界を再現することができ，方程式を用いたモデルとは異なり，複雑な形状に対して適用することができます。また，三角要素の組み合わせによる形状のモデリングは，CAD(Computer Aided Design) ソフトウェアを用いて容易に行うことができます。既往研究では，三角メッシュを用いた壁面境界モデルを様々な装置に適用した例が報告されています。

しかしながら，このモデルにも欠点があります。図 5.8 に示すように，三角メッシュを用いた壁境界に粒子が接触する場所として，三角メッシュの頂点，辺，面およびこれらの組み合わせ（例えば辺と面など）が考えられます。そのため，粒子–壁面間の接触判定においては，粒子の接触箇所を適切に場合分けする必要があります。したがって，三角メッシュを用いたモデルにおける接触判定のアルゴリズムは，壁粒子を用いたモデルや方程式を用いたモデルと比較して，かなり煩雑になります。

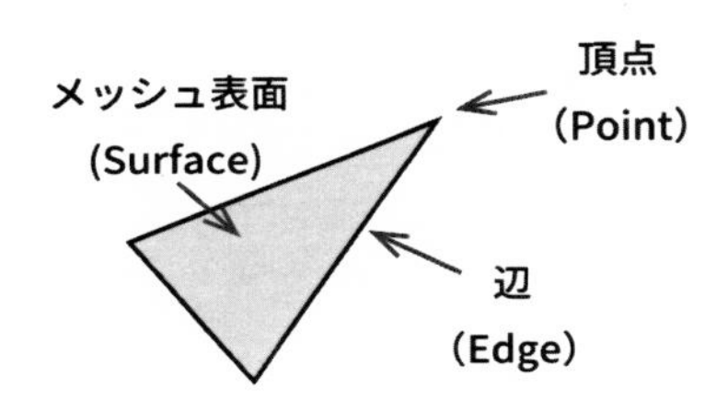

図 5.8　三角メッシュに粒子が接触する場所

符号付距離関数 (Signed distance function, SDF) を用いた壁境界モデルでは，計算領域全体に対して符号付距離関数によるスカラー場を定義することで，壁面境界をモデル化します [9,10]。符号付距離関数は，もともとは数値流体力学において提案されたレベルセット関数 [11] に基づくもので，以下のように表されます。

$$\phi(\boldsymbol{x}) = d(\boldsymbol{x})\, s(\boldsymbol{x}) \tag{5.17}$$

ここで，$\phi(\boldsymbol{x})$ は符号付距離関数，$d(\boldsymbol{x})$ は任意の位置 $\boldsymbol{x}$ からの最短距離を表しています。また，$s(\boldsymbol{x})$ は任意の位置 $\boldsymbol{x}$ が壁面境界の内外のどちらに位置するのかを示す符号です。

図 5.9 に示すように，壁面境界の内部（内側）であれば符号は負で，壁面境界の外部（外側）であれば符号は正で，内外の位置を表します。壁面の境界面での符号付距離関数は 0 と表します。このような符号付距離関数を計算領域全体に対して定義することで，壁面境界をモデル化します。符号距離関数を用いることで壁面境界からの最短距離を一意に求めること

ができるので，この最短距離が粒子の半径よりも長いか短いかで接触判定します。粒子–壁面間の接触判定に必要な値を符号付距離関数から容易に算出できることが，利点の一つです。これらの壁境界モデルには，それぞれに利点と欠点がありますので，解析の目的に応じて，適切にモデルを選択することが大事になります。

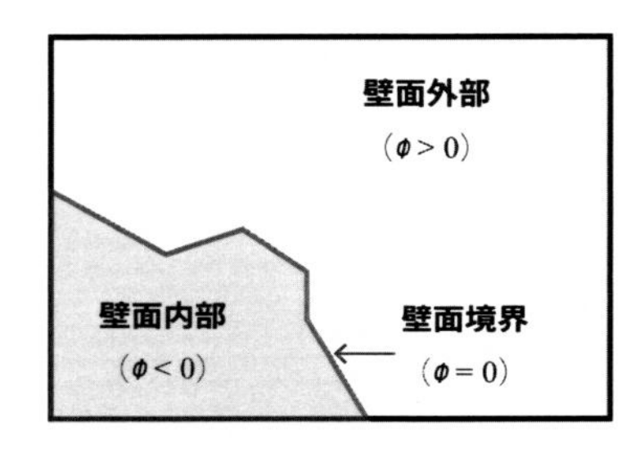

図 5.9　符号付距離関数を用いた壁境界モデル例

5.3.3　粒子の位置と速度の更新

速度および位置の更新は，計算対象となる全粒子に対して，それぞれの粒子に作用する接触力および外力に基づいて行います。現在の時間ステップ ($t = n$) における粒子に作用する力，粒子速度，粒子位置の情報から，次の時間ステップ ($t = n + 1$) における粒子速度，粒子位置を計算します。

例えば，式 (5.18) に示す運動方程式を式 (5.19) のように離散化します。

$$m\frac{d\boldsymbol{v}}{dt} = \boldsymbol{F} \tag{5.18}$$

$$m\frac{\boldsymbol{v}_{n+1} - \boldsymbol{v}_n}{dt} = \boldsymbol{F}_n \tag{5.19}$$

ここで，$\boldsymbol{v}_n$ および $\boldsymbol{F}_n$ は，現在の時間ステップ ($t = n$) における粒子速度および粒子に作用する力をそれぞれ表しています。また，$\boldsymbol{v}_{n+1}$ は次の時間ステップ ($t = n + 1$) における粒子速度を表しています。

また，式 (5.20) に示すように，速度は位置の時間微分で表すことができますので，同様に式 (5.21) のように離散化できます。

$$\frac{d\boldsymbol{x}}{dt} = \boldsymbol{v} \tag{5.20}$$

$$\frac{\boldsymbol{x}_{n+1} - \boldsymbol{x}_n}{dt} = \boldsymbol{v}_n \tag{5.21}$$

ここで，$\boldsymbol{x}_n$ および $\boldsymbol{x}_{n+1}$ は，現在の時間ステップ $(t = n)$ および次の時間ステップ $(t = n + 1)$ における粒子位置を表しています。

現在の時間ステップの粒子の位置，速度および角速度を次の時間ステップに更新するためには，常微分方程式で表される運動方程式を解く必要があります。常微分方程式の離散化には様々な方法が提案されており，離散要素法では，オイラー陽解法，スプリッティングスキーム，蛙跳び法，予測子–修正子法 [12] などが用いられます。ここでは，比較的容易なオイラー陽解法とスプリッティングスキームについて紹介します。

オイラー陽解法は，1 次精度の離散化方法で，現在の時間ステップ $(t = n)$ を用いて以下のように次の時間ステップ $(t = n + 1)$ における粒子速度，粒子位置および粒子の角速度を計算します。

$$\boldsymbol{v}_{n+1} = \boldsymbol{v}_n + \frac{\boldsymbol{F}_n}{m}\Delta t \tag{5.22}$$

$$\boldsymbol{x}_{n+1} = \boldsymbol{x}_n + \boldsymbol{v}_n\Delta t \tag{5.23}$$

$$\boldsymbol{\omega}_{n+1} = \boldsymbol{\omega}_n + \frac{\boldsymbol{T}_n}{I}\Delta t \tag{5.24}$$

ここで，$\boldsymbol{\omega}_n$ および $\boldsymbol{\omega}_{n+1}$ は，現在の時間ステップ $(t = n)$ および次の時間ステップ $(t = n + 1)$ における粒子の角速度，$\boldsymbol{T}_n$ は現在の時間ステップ $(t = n)$ における粒子に作用するトルク，Δt は時間刻みをそれぞれ表しています。

スプリッティングスキームは，粒子の（並進）速度および角速度の更新をオイラー陽解法で，位置の更新をオイラー陰解法で行います。すなわち，現在の時間ステップ $(t = n)$ の粒子の位置と次の時間ステップ $(t = n + 1)$ における粒子速度を用いて，次の時間ステップ $(t = n + 1)$ における粒子位置を計算します。したがって，離散化の式は以下のように表されます。

$$\boldsymbol{v}_{n+1} = \boldsymbol{v}_n + \frac{\boldsymbol{F}_n}{m}\Delta t \tag{5.25}$$

$$\boldsymbol{x}_{n+1} = \boldsymbol{x}_n + \boldsymbol{v}_{n+1}\Delta t \tag{5.26}$$

$$\boldsymbol{\omega}_{n+1} = \boldsymbol{\omega}_n + \frac{\boldsymbol{T}_n}{I}\Delta t \tag{5.27}$$

離散要素法では，このスプリッティングスキームがよく用いられます。スプリッティングスキームを用いて安定解析を行うためには，時間刻みを適切に設定する必要があります。時間刻みを設定する指針として，ばね–質量振動系の振動周期である以下の式があります。

$$\Delta t \leq \frac{2\pi}{\Omega}\sqrt{\frac{m}{k}} \tag{5.28}$$

ここで，Ω は安定解析を行うためのパラメータであり，5 から 20 を目安に設定されます [13,14]。

5.4　離散要素法の適用事例

これまで説明してきた通り，離散要素法では，個々の粒子の運動方程式を計算することで粒子群全体の挙動を計算します。離散要素法には，粒子に作用する接触力などを適切にモデリングすることで，個々の粒子の運動方程式に導入することができるという利点があります。したがって，離散要素法による粉体シミュレーションは，粉砕や物理選別などの現象の理解，機構解明および最適化の検討にも有益です。ここでは，粉砕，混合，比重分離プロセスへ離散要素法を適用した例を紹介します。

5.4.1　粉砕プロセスへ適用

選鉱やリサイクル分野における粉砕は，単体分離の向上や粒度調整を目的としており，分離プロセスの前処理に位置づけられます。粉砕は，後段の分離プロセスの効率や最終的な回収率を決定づける重要なプロセスです。また，粉砕プロセスで生じる機械的な外力を化学反応に変える，メカノケミカル反応を利用した分離プロセスも期待されつつあります。ここでは，電子基板からの部品回収によるリサイクルを目的とした衝撃式粉砕機，鉱石の単体分離促進を目的とした高圧ロール型粉砕機，および媒体ミルへの離散要素法の適用事例を紹介します。

(1) 衝撃式粉砕機への離散要素法の適用

小型家電には，タンタルやネオジムなどの希少金属や銅などの有用金属が，電子基板中の特定の部品に限定的に含まれています。このような使用済み小型家電などの粉砕プロセスでは，衝撃式の粉砕機が有効であることが知られています。使用済み小型家電やそれに使用されている電子基板は矩形あるいは板状ですから，その挙動を解析するためには，このような形状を模擬する必要があります。ここでは，粒子ベース剛体モデルを離散要素法に組み込むことによる，粉砕機内の電子基板挙動の解析例を紹介します。

粒子ベース剛体モデルでは，解析対象となる剛体を多数の小さな粒子の集合体としてモデル化します。多数の構成粒子からなる剛体挙動は，離散要素法における粒子挙動と同様に運動方程式に基づいて計算されます。したがって，剛体の並進運動および回転運動に関する構成方程式は，以下のように表されます。

$$\frac{d\boldsymbol{P}}{dt} = \sum \boldsymbol{F} \tag{5.29}$$

$$\frac{d\boldsymbol{L}}{dt} = \sum \boldsymbol{T} \tag{5.30}$$

ここで，$\boldsymbol{P}$ は剛体の並進運動量を，$\boldsymbol{L}$ は剛体の角運動量をそれぞれ表しています。剛体に作用する接触力 $\boldsymbol{F}$ は，構成粒子に作用する接触力を足し合わせることで計算されます。また，剛体に作用するトルク $\boldsymbol{T}$ は，剛体の重心に対する構成粒子の位置ベクトルと構成粒子に作用する接触力から計算されます。これらは，以下のような式で表されます。

$$\boldsymbol{F} = \sum_{i \in \mathrm{RigidBody}} \boldsymbol{F}_{c_i} \tag{5.31}$$

$$\boldsymbol{T} = \sum_{i \in \mathrm{RigidBody}} r_i' \times \boldsymbol{F}_{c_i} \tag{5.32}$$

ここで，r_i' は剛体の重心に対する球の位置ベクトル，$\boldsymbol{F}_{c_i}$ は構成粒子に作用する接触力をそれぞれ表しています。構成粒子に作用する接触力や構成粒子の接触判定は，離散要素法における粒子に作用する接触力や接触判定と同様に行うことができます。

粒子ベース剛体モデルを導入した離散要素法では，個々の構成粒子の位置，速度や角速度に加え，剛体の重心位置，重心速度，角運動量および姿勢を計算する必要があります。粒子ベース剛体モデルを導入した離散要素法における１ステップの計算アルゴリズムは，以下の手順で行います。

①剛体を構成する粒子の位置と速度を計算する。
②剛体を構成する粒子の接触判定と接触力の計算を行う。
③剛体を構成する粒子に作用する外力を計算する。
④剛体の並進運動量と角運動量を計算する。
⑤剛体の重心位置とクォータニオンを計算する。

まず，剛体の重心位置などに基づいて，剛体を構成する粒子の位置と速度を計算します。次に，剛体を構成する粒子の位置，速度に基づいて，離散要素法と同様に，粒子の接触判定と接触力の計算をします。また，剛体を構成する粒子や剛体に作用する外力も計算します。続いて，剛体を構成する粒子に作用する力を用いて，剛体に作用する接触力およびトルクを計算し，さらに，剛体の並進運動量と角運動量を計算します。最後に，剛体の並進運動量から剛体の重心速度と重心位置を計算し，剛体の角運動量から，剛体の角速度を計算します。

この剛体の角速度は，以下のように計算されます。

$$\boldsymbol{\omega} = \boldsymbol{I}(t)^{-1}\boldsymbol{L} \tag{5.33}$$

ここで，$\boldsymbol{\omega}$ は剛体の角速度，$\boldsymbol{I}(t)^{-1}$ は時刻 t における慣性テンソルの逆行列を表しています。粒子ベース剛体モデルでは，剛体の慣性テンソルは，その剛体を構成するそれぞれの粒子に関する慣性テンソルを足し合わせることで算出することができます。剛体の重心からの相対ベクトル $\boldsymbol{r}_i = (x_i \ \ y_i \ \ z_i)$ である質点 i の慣性テンソル $\boldsymbol{I}_i$ は，以下のように計算することができます。

$$\boldsymbol{I}_i = m_i \begin{pmatrix} y_i^2 + z_i^2 & -x_i y_i & -x_i z_i \\ -y_i x_i & x_i^2 + z_i^2 & -y_i z_i \\ -z_i x_i & -z_i y_i & x_i^2 + y_i^2 \end{pmatrix} \tag{5.34}$$

ここで，m_i は質点 i の質量を表しています。剛体を構成する粒子を半径 r の球ではなく一辺の長さが $2r$ の立方体と仮定すると，一辺の長さが $2r$ の立方体の慣性テンソル $\boldsymbol{I}_c$ は，以下の式で計算することができます。

$$\boldsymbol{I}_c = \frac{2}{3} m_p r^2 \begin{pmatrix} 1 & 0 & 0 \\ 0 & 1 & 0 \\ 0 & 0 & 1 \end{pmatrix} \tag{5.35}$$

ここで，m_p は剛体を構成する粒子の質量を表しています。式（5.34）と（5.35）を用いて，剛体の慣性テンソルは，以下のように計算されます。

$$\boldsymbol{I} = \sum_{i \in \mathrm{RigidBody}} (\boldsymbol{I}_i + \boldsymbol{I}_c) \tag{5.36}$$

このようにして，粒子ベース剛体モデルでは剛体の慣性テンソルを計算します。したがって，粒子ベース剛体モデルでは，剛体を構成する粒子の粒径やその粒子数によって形状の精度が異なる場合があります。この形状の誤差に関する議論は，田中らの研究で報告されています [15]。

また，算出した角速度を用いて剛体のクォータニオンを計算し，剛体の姿勢を制御します。3 次元における剛体の姿勢を制御するには，行列形式，オイラー角，クォータニオンの 3 つの方法があります。これらの手法の中では，オイラー角が最も容易ではありますが，クォータニオンがよく用いられます。

この粒子ベース剛体モデルを組み込んだ離散要素法を用いて，ドラム型衝撃式粉砕機における基板挙動を解析しました。解析から得られた可視化画像を図 5.10 に示します。ドラム型衝撃式粉砕機には，円筒形状のドラム底面に撹拌翼が設置されています。この撹拌翼が高速で回転することで試料を撹拌し，粉砕します。解析から得られた可視化画像からも，撹拌翼の回転に伴って基板同士が撹拌され，衝突し合う様子が確認できます。

ここでは基板を剛体と仮定しているため，基板そのものの破壊を再現することはできません。しかしながら，粒子ベース剛体モデルを組み込んだ離散要素法では，各基板のどの部分にどのような衝突が生じているのかを逐次解析することができます。シミュレーションから得られる衝突に関するデータと実験結果を比較検討することで，廃電子機器からの基板回収

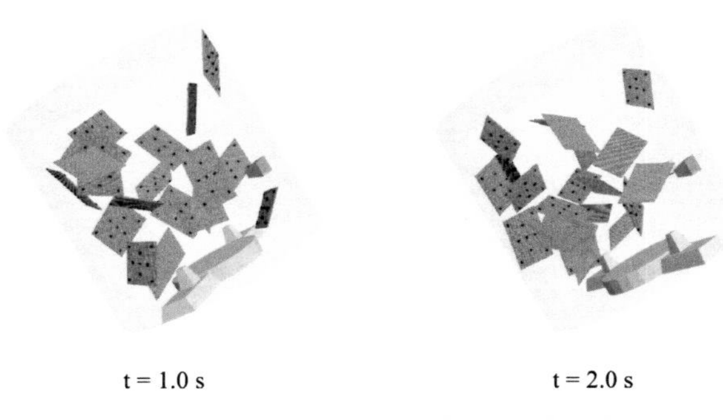

図 5.10　ドラム型衝撃式粉砕機内の基板挙動解析

や，基板からの部品回収による高度リサイクルに適した粉砕機の最適設計に対する指針を検討することができます [16-20]。

（2）高圧ロール型粉砕機への離散要素法の適用

高圧ロール型粉砕機 (High Pressure Grinding Roll, HPGR) は，ダブルロール式粉砕機の一種であり，鉱石の単体分離を促進させる粉砕法として着目されています。高圧ロール型粉砕機に離散要素法を適用するためには，粒子そのものの破壊をモデル化することが必要になります。

離散要素法に導入される破壊モデルは，結合粒子モデル (Bonded Particle Model, BPM) と粒子置換モデル (Particle Replacement Model, PRM) の 2 種類に大きく分類されます。結合粒子モデルでは，細かな構成粒子を結合させることで 1 つの粒子を模擬します。この細かな構成粒子の集合体に作用する力に応じて，構成粒子間の一部の結合を破断させることで，粒子の破壊をモデル化します。一方，粒子置換モデルでは，個々の粒子を離散要素法と同様に解析します。個々の粒子に作用する力に応じて，1 つの粒子を複数の小さな粒子に置き換えることで，粒子の破壊をモデル化します。

結合粒子モデルでは，連続体としての挙動を模擬するために，構成粒子間の結合をモデル化します。構成粒子同士の接続において応力–ひずみ曲線を模擬できる結合モデル [21]，近傍にある構成粒子間に結合力を作用させるモデル，構成粒子間が接触していないときに粒子同士を引き合う方向に力を作用させるモデルなど様々なモデルが提案されています [22,23]。粒子の破壊実験や有限要素法 (Finite Element Method, FEM) を用いた解析結果との比較から，これらの結合粒子モデルの検証が取り組まれています。

粒子置換モデルでは，個々の粒子に作用する力に応じて，1 つの粒子を複数の小さな粒子に置き換えるため，粒子に作用する力と破壊の関係をモデル化する必要があります。代表的なモデルとして，固体中の応力伝播や変形，破壊の解析に有用である FEM と離散要素法を組み合わせた FEM-DEM[24-26] や，粒子法の一種である Peridaynamics と離散要素法を組み合わせた手法 [27] などが挙げられます。さらに，これらの手法よりも近似的な手法として，粒子に作用する衝突エネルギーに応じて粒子破壊後の粒度分布を仮定して粒子を置き換える手法 [28] も挙げられます。

この粒子に作用する衝突エネルギーに応じて粒子破壊後の粒度分布を仮定して粒子を置き換える手法の一つとして，1980 年代に Shi らによって提案された T10 モデルがあります。T10 モデルでは，単位重量あたりの破壊エネルギーに基づいて，破壊後の粒子の粒度分布を決定し，ボロノイ分割モデルに基づいて粒子を破壊後の小さな粒子に分割します。ここで，単位重量あたりの破壊エネルギー E [J/kg] は，破壊後に破壊前の粒径の 1/10 以下になった重量割合 t_{10} と以下のように関連付けられます。

$$t_{10} = A\left(1 - \exp\left(-bE\right)\right) \tag{5.37}$$

ここで，A [%] と b [kg/J] は，t_{10} パラメータと呼ばれるフィッティングパラメータです。A [%] は，破壊に十分なエネルギーを与えたときの t_{10} であり，概念的には，粉砕限界粒径を表しています。一方，b [kg/J] は，破壊のされやすさの指標であり，概念的には，粉砕限界粒径に達する粉砕エネルギーを表しています。

T10 モデルでは，粒子の破壊を特徴づけるパラメータである A [%] と b [kg/J] を，解析対象の試料の性状に合わせて，適切に設定する必要があります。例えば，パラメータの設定方法として，衝撃を模擬した落錘試験から得られた産物の粒度分布に合うようにシミュレーションパラメータをフィッティングする方法があります。また，落錘試験や低速の転動ボールミル試験から，A [%] と b [kg/J] の値によって粒子の粉砕性がどのように変化するのかが系統的に調査されています [29-31]。

この T10 モデルを組み込んだ離散要素法を用いた高圧ロール型粉砕機における鉱石の粉砕挙動解析から得られた可視化画像を図 5.11 に示します。上方から鉱石を投入し，2 つのロールが回転している部分で鉱石が粉砕され，下方に落ちていく様子が確認できます。

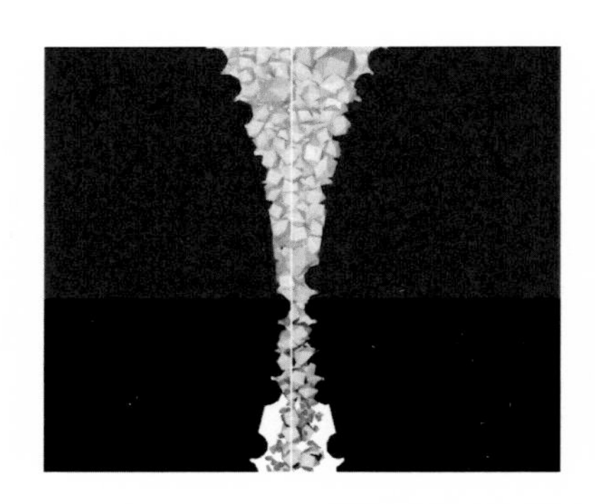

図 5.11　高圧ロール型粉砕機内の鉱石粉砕挙動解析

ここでは，以下の仮定をおくことで，高圧ロール型粉砕機内の鉱石粉砕過程を簡略化しています。

● 重力加速度による粒子荷重のモデル化

高圧ロール型粉砕機は，連続式の粉砕機であるため，粉砕機の上部にフィード鉱石を供給するためのホッパーが設置されています。しかしながら，ホッパーに充填された鉱石を全て解析対象とするのは，現実的ではありません。そこで，ホッパー内に充填された鉱石の重みに伴う荷重を，重力加速度を擬似的に大きくすることでモデル化します。

● シミュレーションにおける最小粒径の設定

粒子が粉砕されて細かな粒子になるほど，粒子数が莫大になり，現実的な時間で解析することが困難になります。そこで，高圧ロール式粉砕機の巨視的な粉砕性能は，比較的粗粒の粉砕挙動に支配されると仮定し，粒子の破壊によって生じる粒子のうち，400 μm 以下の粒子を解析対象から除外することで，計算粒子数の増加を抑制します。

これらの仮定によって簡略化した解析モデルではありますが，図 5.12 に示すように，高圧ロール式粉砕機内の鉱石粉砕挙動解析から得られたロール間隔，処理量，消費電力が，実験から得られたこれらの値と良好に一致していることが分かります。したがって，簡略化した解析モデルで，高圧ロール式粉砕機内の鉱石粉砕挙動を評価し，装置のスケールアップやロール形状の最適化などを検討することができます [32,33]。

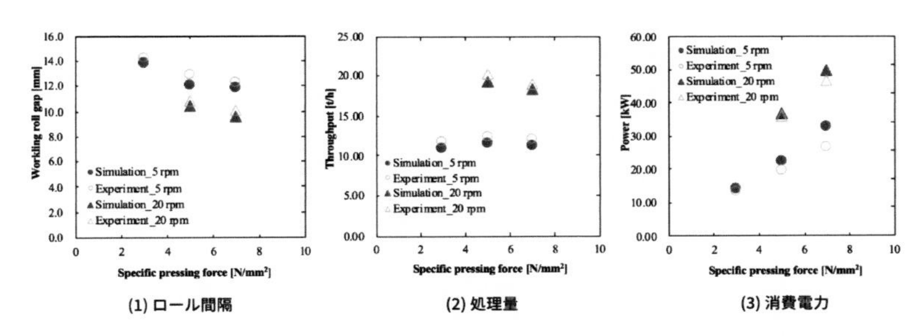

図 5.12 高圧ロール式粉砕機における実験とシミュレーションの比較 [33]

(3) 媒体ミルへの離散要素法の適用

離散要素法では，上述の破壊モデルなどを追加で導入しない限り，粉砕を直接的に再現することはできません。しかしながら，粒子間や粒子–壁面間の接触に伴う衝突エネルギーから間接的に粉砕過程を評価することができます。そのため，離散要素法は，転動ボールミル [34-36] や媒体撹拌型ミル [37-41] における媒体挙動の解析にも多く用いられてきました。

粒子間や粒子–壁面間の接触に伴う衝突エネルギーには，いくつかの方法が提案されています [18,35,41]。代表的なものには，以下の式で定義される衝突エネルギー E があります。

$$E = \frac{1}{2}\frac{m_i m_j}{m_i + m_j}v_r^2 \tag{5.38}$$

ここで，v_r は衝突開始時の粒子同士あるいは粒子–壁面間の相対速度，m_i

と m_j は衝突している粒子の質量をそれぞれ表しています。離散要素法では，粒子の接触を法線方向と接線方向に分けてモデル化するため，衝突エネルギーも法線方向と接線方向の 2 つに分けて評価することができます。

遊星ボールミルは，転動ミルの一種であり円筒形状のミルを同時に自転と公転させることで，ボールミルよりも強力な粉砕や粉砕に伴うメカノケミカル反応を発現させることができる粉砕機として期待されています。例えば，臭素系難燃剤であるテトラブロモビスフェノール (TBBPA) を鉄粉，石英砂とともに遊星ボールミル粉砕することで，臭素分解を達成できることが報告されています [42]。臭素分解の速度定数と遊星ボールミル内の媒体挙動解析から算出した衝突エネルギーの関係を図 5.13 に示します。

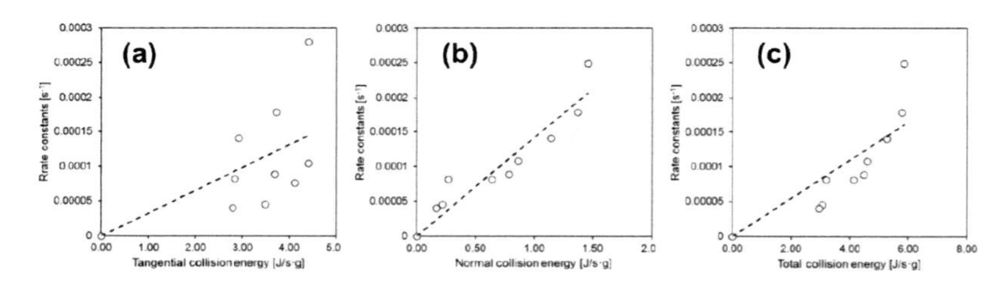

図 5.13　臭素分解の速度定数と媒体衝突エネルギーの関係 [42]（(a) 接線方向の衝突エネルギー，(b) 法線方向の衝突エネルギー，(c) 総衝突エネルギー）

遊星ボールミルにおいて，媒体の衝突エネルギーの大部分は接線方向成分ですが，総衝突エネルギーや衝突エネルギーの接線方向成分の積算値よりも法線方向成分の積算値に，臭素分解の速度定数と良好な相関関係が得られることが分かります。衝突エネルギーの接線方向成分は主にミル内壁への転がりによる摩擦に起因するものであるのに対して，衝突エネルギーの法線方向成分はミル内壁と媒体間あるいは媒体同士の圧縮に起因するものであると考えられます。そのため，摩擦に起因する衝突エネルギーよりも圧縮に起因する衝突エネルギーによって，メカノケミカル反応による臭素分解が促進されることが示唆されます。メカノケミカル反応などの速度過程を衝突エネルギーで議論すること [43] ができるのも離散要素法の利点の一つです。

5.4.2 混合プロセスへ適用

混合プロセスは原料粉体を均一にするために行われ，様々な産業分野で欠かせない粉体プロセスの一つです。選鉱やリサイクル分野においても，分離対象となる原料を均一にする目的で行われることがあります。混合プロセスは，他の粉体プロセスと同様に，原料粉体の物性や混合装置の運転条件に大きく影響を受けるため，混合機構の解明や高効率なプロセス制御は困難です。そのため，実験に基づいた検討に加え，離散要素法による検討が多数報告されています。

混合状態の評価には，Lacey[44] が提案した混合度が広く用いられています。Lacey の混合度 M は，2 種類の粒子の混合状態の評価に用いられる指標であり，計算領域を格子状のセルに分割した後，各セル内の 2 種類の粒子の存在比を用いて，以下のように計算されます。

$$M = \frac{\sigma_0^2 - \sigma^2}{\sigma_0^2 - \sigma_r^2} \tag{5.39}$$

ここで，σ^2 はある瞬間における混合の分散，σ_0^2 は完全分離時の分散，σ_r^2 は完全混合時の分散を表しています。これらは，それぞれ以下の式で算出されます。

$$\sigma^2 = \frac{1}{N}\sum_{i=1}^{N}\left(p_i - p\right)^2 \tag{5.40}$$

$$\sigma_0^2 = p\left(1 - p\right) \tag{5.41}$$

$$\sigma_r^2 = \frac{p\left(1 - p\right)}{N} \tag{5.42}$$

ここで，p は系で着目している粒子の割合，p_i は着目しているセル中での粒子の割合，N は粒子が含まれているセル数を表しています。この指標では，混合度は 0〜1 までの値をとり，値が小さいほど不均一な混合状態，値が大きいほど均一な混合状態を表しています。

回転と揺動の 2 つの運動機構を有する混合装置（ポットブレンダー）に離散要素法を適用した例 [45,46] を紹介します。ポットブレンダーは直径 100 mm，長さ 150 mm の円柱形状で，回転数は 40 rpm，揺動角度および揺動周期はそれぞれ 30º および 0.5 Hz の運転条件としています。粒子密度 2000 kg/m^3，粒径 1 mm の粒子を 675000 個投入した解析から得られた可視化画像を図 5.14 に示します。

図 5.14　ポットブレンダーの混合過程の可視化画像

図 5.14 より，ポットブレンダーの回転に伴って粒子が持ち上がりと崩落を繰り返しながら，混合が進行していくことが分かります。また，解析結果から，ポットブレンダーの混合機構や混合性能は粒子密度からはほとんど影響を受けないのに対して，粒子の充填量からは大きな影響を受けることが明らかにされています。このように，粒子のパラメータを変えた解析から，混合プロセスの機構解明や最適化を検討することができます [47-49]。

5.4.3　比重分離プロセスへの適用

比重分離は，粒子の密度差を利用した分離手法の一つです。比重分離装置の一種である揺動テーブルは，傾斜したテーブル上にリッフルと呼ばれる邪魔板が設定されおり，テーブルが揺動することで密度差のある粒子群を分離する装置です。

揺動テーブルの分離の原理は単純ですが，テーブルの傾斜角度や揺動モードなどの運転パラメータ，分離対象となる粒子の供給量やその粒子径分布などの試料パラメータが分離成績に複雑に作用します。したがって，揺動テーブルの最適化は経験に頼っているのが現状です。ここでは，離散要素法を用いて揺動テーブルのリッフル間における粒子の偏析過程を解析した例 [50] を紹介します。解析モデルの揺動方向は 1 軸とし，その幅は 60 mm，高さは 8 mm，底面の奥行は 3 mm としています。なお，シミュレーションで対象とする系を簡略化するために，解析領域内の計算粒子数は一定であるとしています。

ここでは，粒径が 250 μm の単一粒径であり，密度の異なる 2 種類の粒子を想定しています。軽比重粒子の密度を 2000 kg/m^3，重比重粒子の密度を 4000 kg/m^3 と仮定し，ばね定数，反発係数および摩擦係数にも仮想的な値を採用しています。粒子の総数は 50000 個とし，軽比重粒子と重比重粒子を 25000 個ずつとしています。振幅 5 mm，振動数 6 Hz の条件でテーブルを揺動させた際の粒子挙動を図 5.15 に示します。

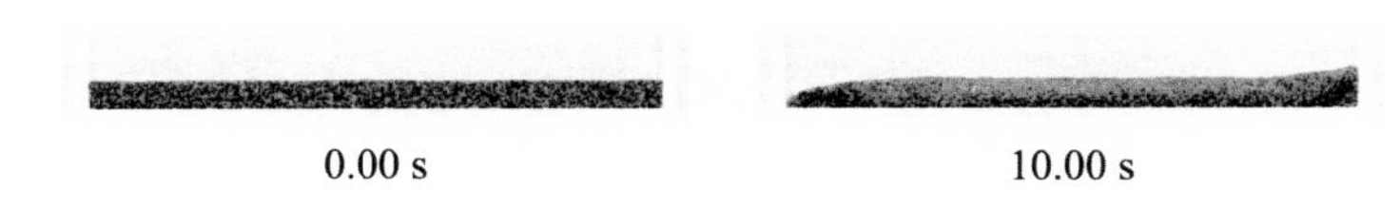

図 5.15　揺動テーブル上の粒子挙動の可視化（振幅 5 mm，振動数 6 Hz）

テーブルの揺動とともに色の濃い重比重粒子が粒子層下部に沈み込み，色の薄い軽比重粒子が浮き上がり，粒子層が偏析していく様子が確認されます。この偏析過程を詳細に検討するために，テーブルの中央付近に位置する粒子の速度変化を評価します。

テーブル中央付近に位置する粒子について，軽比重粒子に対する重比重粒子の鉛直方向の相対速度を揺動周期ごとにさらに平均したものとテーブルの速度を図 5.16 に示します。なお，テーブルの速度は水平方向右向きを正の方向とし，粒子の相対速度は鉛直方向上向きを正の方向としています。テーブル速度が 0 あるいは最大となる時点において，鉛直方向の相対速度が 0 となることが分かります。また，テーブルが左端から中央へ移動するにつれて，軽比重粒子に対する重比重粒子の鉛直方向の相対速度が負の値になることから，軽比重粒子に対して重比重粒子が相対的に沈みやすいと考えられます。一方，テーブルが中央から右端に移動するにつれて，軽比重粒子に対して重比重粒子が相対的に浮き上がりやすいことも分かります。

また，揺動周期のそれぞれの相対速度を積算すると，揺動周期における

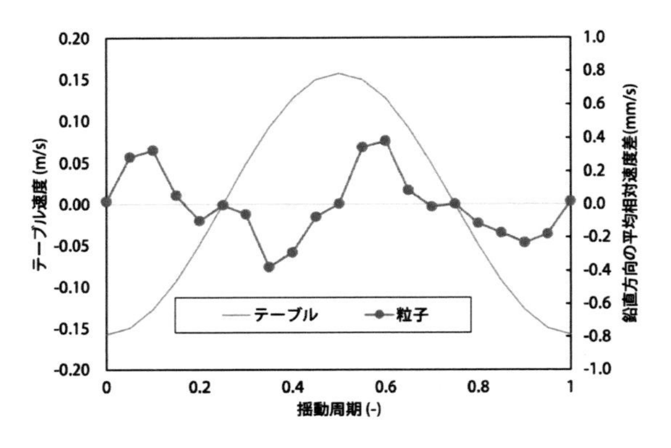

図 5.16　揺動周期ごとの鉛直方向の平均相対速度の変化

平均値は −0.127 mm/s であることから，軽比重粒子に対して重比重粒子が相対的に沈み込みやすいと評価することができます。したがって，テーブル揺動の 1 周期において，軽比重粒子に対して重比重粒子が浮き沈みを繰り返しながら徐々に沈むことで，偏析が進行していくと考えられます。

このような検討を踏まえて，テーブルを左端から 5 mm ごとの領域に区切り，それぞれの位置ごとに軽比重粒子に対する重比重粒子の鉛直方向の相対速度を揺動周期ごとに平均し，比較したものを図 5.17 に示します。いずれの領域においても，テーブルが左端から中央へ移動するにつれて，

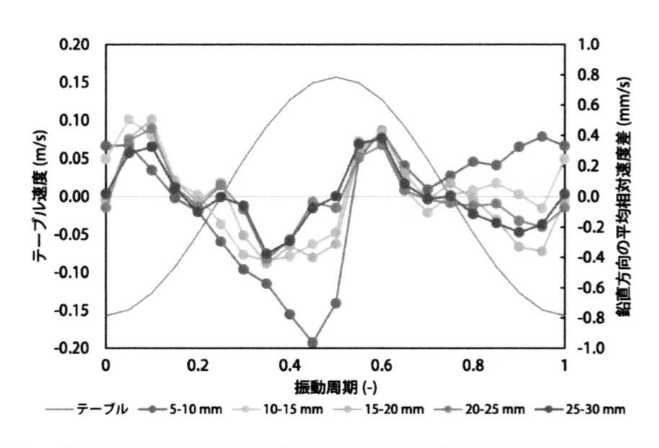

図 5.17　揺動周期ごとの各領域における鉛直方向の平均相対速度の変化

軽比重粒子に対する重比重粒子の鉛直方向の相対速度が負の値をとることから，軽比重粒子に対して重比重粒子が相対的に沈みやすいと考えられます。この傾向は，テーブルの左端に近づくほど，顕著になります。

この揺動周期ごとの各領域における鉛直方向の平均相対速度の変化は，リッフルの振動数や振幅が違う条件でも同様の傾向が得られることが明らかにされています。したがって，リッフル間の粒子挙動解析から，揺動テーブルにおける分離機構を検討することができます。

参考文献

[1] Cundall, P. A., Strack O.D.L.：A discrete numerical model for granular assemblies, *Géotechnique*, Vol.29, pp.47-65（1979）.

[2] Potyondy, D. O., Cundall, P. A.：A bonded-particle model for rock, *Int. J. Rock Mech. Min. Sci*, Vol.41, pp.1329-1364（2004）.

[3] Robinson, G. K., Cleary, P. W.：The conditions for sampling of particulate materials to be unbiased—Investigation using granular flow modelling, *Miner. Eng*, Vol.12, pp.1101-1118（1999）.

[4] Cleary, P. W.：Recent advances in dem modelling of tumbling mills, *Miner. Eng*, Vol.14, pp.1295-1319（2001）.

[5] Shigeto, Y., Sakai, M., Koshizuka, S., Yamada, Y.：GPU Accelerated Simulation for Discrete Element Method, *J. Soc. Powder Technol. Jpn*, Vol.45, pp.758-765（2008）.

[6] Shigeto, Y., Sakai, M.：Parallel computing of discrete element method on multi-core processors, *Particuology*, Vol.9, pp.398-405（2011）.

[7] Nishiura, D., Sakaguchi, H.：Parallel-vector algorithms for particle simulations on shared-memory multiprocessors, *J. Comput. Phys*, Vol.230, pp.1923-1938（2011）.

[8] Katagiri, T., Takeda, H., Kawamura, S., Kato, J., Horibata, Y.：Adaptation of Multicolor Particle Contact Detection Method for DEM and Performance Evaluation with Multicore Processors, *J. Soc. Powder Technol. Jpn*, Vol.51, pp.564-570（2014）.

[9] Yokoi, K.：Numerical method for interaction between multiparticle and complex structures, *Phys. Rev. E*, Vol.72, 046713（2005）.

[10] Shigeto, Y., Sakai, M.：Arbitrary-shaped wall boundary modeling based on signed distance functions for granular flow simulations, *Chem. Eng. J*, Vol.231, pp.464-476（2013）.

[11] Osher, S., Fedkiw, R. P.：MyiLibrary, *Level set and dynamic implicit surfaces*,

Springer (2002).

[12] Tokoro, C., Okaya, K., Sadaki, J. : Fast Algorithm of Distinct Element Method with Contact Force Prediction Method, *J. Soc. Powder Technol. Jpn*, Vol.40, pp.236-245 (2003).

[13] Tsuji, Y., Kawaguchi, T., Tanaka, T. : Discrete particle simulation of two-dimensional fluidized bed, *Powder Technol*, Vol.77, pp.79-87 (1993).

[14] Sakai, M. : *Numerical simulation of granular flows*, Maruzen Publishing Co. Ltd. (2012).

[15] Tanaka, M., Sakai, M., Koshizuka, S. : Particle-based Rigid Body Simulation and Coupling with Fluid Simulation, *Trans. Jpn. Soc. Comput. Eng. Sci*, Vol.2007, 20070007 (2007).

[16] Tsunazawa, Y., Tokoro, C., Owada, S., Sakai, M., Murakami, S. : Investigation and DEM Simulation for Part Detachment Process of Printed Circuit Board in a Drum-type Impact Mill, *J. Soc. Powder Technol. Jpn*, Vol.49, pp.201-209 (2012).

[17] Tahara, K., Tsunazawa, Y., Tokoro, C., Owada, S. : Investigation for Mechanism of Part Detachment and Board Breakage in Chain-using Drum-typed Mill by DEM Simulation, *J. Soc. Powder Technol. Jpn*, Vol.51, pp.240-249 (2014).

[18] Tsunazawa, Y., Tahara, K., Hosoda, K., Tokoro, C., Owada, S. : Performance Comparison between Chain-using and Agitator-using Drum-typed Impact Mill for Parts Detachment from PCBs, *J. Soc. Powder Technol. Jpn*, Vol.51, pp.415-423 (2014).

[19] Tsunazawa, Y., Tokoro, C., Matsuoka, M., Owada, S., Tokuichi, H., Oida, M., Ohta, H. : Investigation of Part Detachment Process from Printed Circuit Boards for Effective Recycling Using Particle-Based Simulation, *Mater. Trans*, Vol.57, pp.2146-2152 (2016).

[20] Tsunazawa, Y., Hisatomi, S., Murakami, S., Tokoro, C. : Investigation and evaluation of the detachment of printed circuit boards from waste appliances for effective recycling, *Waste Manag*, Vol.78, pp.474-482 (2018).

[21] Weerasekara, N. S., Powell, M. S., Cleary, P. W., Tavares, L. M., Evertsson, M., Morrison, R. D., Quist, J., Carvalho, R. M. : The contribution of DEM to the science of comminution, *Powder Technol*, Vol.248, pp.3-24 (2013).

[22] Ishihara, S., Soda, R., Kano, J., Saito, F., Yamane, K. : DEM Simulation of Autogenous Grinding Process in a Tumbling Mill, *J. Soc. Powder Technol. Jpn*, Vol.48, pp.829-833 (2011).

[23] Ishihara, S., Zhang, Q., Kano, J. : ADEM Simulation of Particle Breakage Behavior, *J. Soc. Powder Technol. Jpn*, Vol.51, pp.407-414 (2014).

[24] Munjiza, A., Bangash, T., John, N. W. M. : The combined finite–discrete element method for structural failure and collapse, *Eng. Fract. Mech*, Vol.71, pp.469-483 (2004).

[25] Latham, J. P., Munjiza, A., Mindel, J., Xiang, J., Guises, R., Garcia, X., Pain, C., Gorman, G., Piggott, M. : Modelling of massive particulates for breakwater

engineering using coupled FEMDEM and CFD, *Particuology*, Vol.6, pp.572-583 (2008).

[26] Latham, J. P., Mindel, J., Xiang, J., Guises, R., Garcia, X., Pain, C., Gorman, G., Piggott, M., Munjiza, A. : Coupled FEMDEM/Fluids for coastal engineers with special reference to armour stability and breakage, *Geomech. Geoengin*, Vol.4, pp.39-53 (2009).

[27] Jha, P. K., Desai, P. S., Bhattacharya, D., Lipton, R. : Peridynamics-based discrete element method (PeriDEM) model of granular systems involving breakage of arbitrarily shaped particles, *J. Mech. Phys. Solids*, Vol.151, 104376 (2021).

[28] Tavares, L. M., André, F. P., Potapov, A., Maliska, C. : Adapting a breakage model to discrete elements using polyhedral particles, *Powder Technol*, Vol.362, pp.208-220 (2020).

[29] Shi, F. : A review of the applications of the JK size-dependent breakage model, *Int. J. Miner. Process*, Vol.155, pp.118-129 (2016).

[30] Shi, F. : A review of the applications of the JK size-dependent breakage model Part 2: Assessment of material strength and energy requirement in size reduction, *Int. J. Miner. Process*, Vol.157, pp.36-45 (2016).

[31] Shi, F. : A review of the applications of the JK size-dependent breakage model part 3: Comminution equipment modelling, *Int. J. Miner. Process*, Vol.157, pp.60-72 (2016).

[32] Nagata, Y., Tsunazawa, Y., Tsukada, K., Yaguchi, Y., Ebisu, Y., Mitsuhashi, K., Tokoro, C., Effect of the roll stud diameter on the capacity of a high-pressure grinding roll using the discrete element method, *Miner. Eng*, Vol.154, 106412 (2020).

[33] Tokoro, C. : Simulation of Grinding Process by Discrete Element Method with Particle Breakage Model—Application to High Pressure Grinding Roll—, *Resour. Process*, Vol.68, pp.137-142 (2022).

[34] Kano, J., Chujo, N., Saito, F. : A method for simulating the three-dimensional motion of balls under the presence of a powder sample in a tumbling ball mill, *Adv. Powder Technol*, Vol.8, pp.39-51 (1997).

[35] Mio, H., Kano, J., Saito, F., Ito, M. : Estimation of Liner Design in a Tube Mill by Discrete Element Method, *J. MMIJ*, Vol.123, pp.97-102 (2007).

[36] Sato, A., Kano, J., Saito, F. : Analysis of Abrasion Mechanisms of Grinding Media in a Planetary Mill with DEM Simulation, *J. Soc. Powder Technol. Jpn*, Vol.44, pp.186-190 (2007).

[37] Hayashi, K., Tsunazawa, Y., Tokoro, C., Owada, S., Iitsuka, H., Ishikawa, O. : Application of DEM Simulation for Optimization Design of a Wet-Type Agitator Beadsmill, *J. MMIJ*, Vol.130, pp.53-59 (2014).

[38] Hisatomi, S., Fukui, S., Matsuoka, M., Tsunazawa, Y., Tokoro, C., Okuyama, K., Iwamoto, M., Sekine, Y. : Design for Separating Performance of Grinding Media in Bead Mill by DEM Simulation, *J. Soc. Powder Technol. Jpn*, Vol.54,

pp.377-383（2017）.

[39] Fukui, S., Tsunazawa, Y., Hisatomi, S., Granata, G., Tokoro, C., Okuyama, K., Iwamoto, M., Sekine, Y.：Effect of Agitator Shaft Direction on Grinding Performance in Media Stirred Mill: Investigation Using DEM Simulation, *Mater. Trans*, Vol.59, pp.488-493（2018）.

[40] Nagata, Y., Minagawa, M., Hisatomi, S., Tsunazawa, Y., Okuyama, K., Iwamoto, M., Sekine, Y., Tokoro, C.：Investigation of optimum design for nanoparticle dispersion in centrifugal bead mill using DEM-CFD simulation, *Adv. Powder Technol*, Vol.30, pp.1034-1042（2019）.

[41] Nakamura, H., Kan, H., Takeuchi, H., Watano, S.：Effect of stator geometry of impact pulverizer on its grinding performance, *Chem. Eng. Sci*, Vol.122, pp.565-572（2015）.

[42] Takaya, Y., Xiao, Y., Tsunazawa, Y., Córdova, M., Tokoro, C.：Mechanochemical degradation treatment of TBBPA: A kinetic approach for predicting the degradation rate constant, *Adv. Powder Technol*, Vol.33, 103469（2022）.

[43] Minagawa, M., Hisatomi, S., Kato, T., Granata, G., Tokoro, C.：Enhancement of copper dissolution by mechanochemical activation of copper ores: Correlation between leaching experiments and DEM simulations, *Adv. Powder Technol*, Vol.29, pp.471-478（2018）.

[44] Lacey P.M.C.：Developments in the theory of particle mixing, *J. Appl. Chem*, Vol.4, pp.257-268（1954）.

[45] Basinskas, G., Sakai, M.：Numerical study of the mixing efficiency of a batch mixer using the discrete element method, *Powder Technol*, Vol.301, pp.815-829（2016）.

[46] Tsunazawa, Y., Soma, N., Sakai, M.：DEM study on identification of mixing mechanisms in a pot blender, *Adv. Powder Technol*, Vol.33, 103337（2022）.

[47] Sakai, M., Shigeto, Y., Basinskas, G., Hosokawa, A., Fuji, M.：Discrete element simulation for the evaluation of solid mixing in an industrial blender, *Chem. Eng. J*, Vol.279, pp.821-839（2015）.

[48] Basinskas, G., Sakai, M.：Numerical study of the mixing efficiency of a ribbon mixer using the discrete element method, *Powder Technol*, Vol.287, pp.380-394（2016）.

[49] Tsugeno, Y., Sakai, M., Yamazaki, S., Nishinomiya, T.：DEM simulation for optimal design of powder mixing in a ribbon mixer, *Adv. Powder Technol*, Vol.32, pp.1735-1749（2021）.

[50] Tsunazawa, Y., Kon, Y.：Numerical Investigation of Density Segregation on a Shaking Table Using the Discrete Element Method, *Mater. Trans*, Vol.62, pp.892-898（2021）.

第6章
地球化学コードによる溶液反応シミュレーション

本章では様々な工業プロセスで発生する廃液中からの元素の凝集沈殿や吸着による分離，リーチング等固体からの元素回収などの考察に利用可能な，化学反応モデルの取り扱い方法について，実際の研究例を取り上げて説明します。

6.1 資源循環における溶液反応シミュレーションの用途

化学反応と一言で言っても，対象によって考慮すべき反応は様々です。例えば陸上鉱山の酸性坑廃水処理であれば，消石灰などアルカリ剤の添加，石灰石を使用した自然動力型処理（パッシブトリートメント），その他様々な廃水を対象とした吸着剤による有害元素の除去，浮選における鉱物表面酸化処理などがあり，有害元素の凝集沈殿反応，表面錯体形成反応，酸化還元・溶解反応速度などの様々な反応を考慮する必要があります。

地球化学コードと呼ばれる計算ソフトウェアは，これら溶液中および固液界面で生じる様々な反応を組み込むことで，試験系内や実環境中における具体的な反応機構を調べるだけでなく，未知の反応場における元素挙動を予測するシミュレーションとしても利用できます。廃水処理分野においては，このような機構解明や予測シミュレーション結果をもとに，処理に最適な pH，薬剤添加量，反応時間，反応系の大きさなどを事前に検討することが可能になります。しかし，化学反応モデルを構築するためには，目的がいずれの場合であっても実験値や観測値に基づく計算が基本となります（図 6.1）。

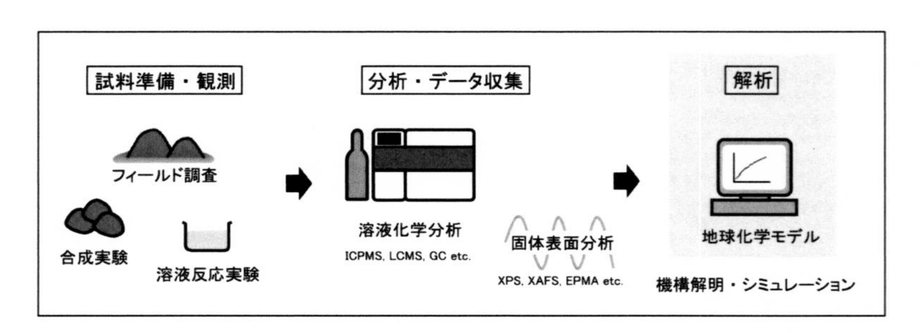

図 6.1　化学反応モデル用途のイメージ

6.2　データベースの取り扱い方

定量的な化学反応モデルを構築する上では，まず反応を定義付ける熱力学データベースが必要となります。熱力学データベースの整備は 1960 年代より開始され，これを取り扱うためのモデリングソフトウェアの開発と併せて整備が進められてきました [1-17]。この過程で，鉱物の溶解反応にとどまらず，固体表面への吸着反応を再現するためのデータベースも整備されています [18-21]。より多様な元素・化学種に対して，広範囲にわたる温度・圧力条件に適用可能で，かつ内部整合性の高いデータベースの完成を目指して，現在でもデータベースの整備が進められています。しかし，未だ全ての元素・化学種を網羅するような完璧なデータベースは存在しません。そのため，化学反応モデリングを行う際には，対象とする反応系に応じて適切な熱力学データベースを選択する必要があります。

表 6.1 には化学反応モデルで用いられる代表的な熱力学データベースを示しています。データベースがモデリングソフトウェアとセットで開発されたものである場合には，ソフトウェア名も記載しています。

表 6.1　代表的な熱力学データベース

データベース名	開発元	対象ソフトウェア
phreeqc.dat	United States Geological Survey	PHREEQC
llnl.dat	Lawrence Livermore National Laboratory	-
minteq_v4.dat	United States Environmental Protection Agency	MINTEQA2
wateq4f.dat	United States Geological Survey	WATEQ4F

phreeqc.dat はアメリカ地質調査所 (U.S. Geological Survey, USGS) が開発主体である地球化学モデリングコード “PHREEQC” に組み込まれている，標準的な熱力学データベースです [9,14,15]。本データベースでは主要な 25 元素の水溶性化学種，ガス，鉱物相に関する情報が網羅さ

れ，陽イオン交換反応や表面吸着種に関するデータも含まれています。また，一部の鉱物に対しては反応速度式が定義されており，これを使用することもできます。

llnl.datは，ローレンス・リバモア国立研究所(Lawrence Livermore National Laboratory)が主体となり，放射性廃棄物処分のための熱力学データベースとして整備されました[22]。llnl.datの特徴として，対象とする元素種の多さが挙げられ，希土類元素を含む70元素以上の化学種が網羅されています。市販の地球化学モデリングコードであるThe Geochemist's Workbench(GWB)では，llnl.datを拡張したthermo.com.V8.R6.datを使用できますが，GWB公式ホームページによればAlやSの化学間で内部整合性が悪いという問題があり，取り扱いに注意が必要です。

minteq_v4.datは，米国環境保護庁(U.S. Environmental Protection Agency: USEPA)により開発されたMINTEQA2のver.4に含まれる熱力学データベースです[23,24]。MINTEQA2は主に化学平衡計算を実行するためのプログラムであり，現在では本プログラムをもとに開発されたVisual MINTEQがよく用いられています。40元素程度の化学種が網羅されているほか，有機配位子に関するデータが充実しているのも特徴として挙げられます[25]。

wateq4f.datは，USGSにより開発された地球化学モデリングコードWATEQ4Fに含まれる熱力学データベースです[14]。主要な33元素の化学種を含み，陽イオン交換反応や表面吸着反応に関するデータも含まれています。前出のphreeqc.datと同様のデータが採用されている部分も多く，基本的にはphreeqc.datに足りない元素種を加えたような構成になっています。

このように複数のデータベースが開発されていますが，データベース間の一番の違いは含まれる元素の種類です。データベースの選定にあたっては，検討したい元素種が含まれていることが大前提となります。上記以外にも，日本原子力研究開発機構が整備している放射性廃棄物地層処分評価用のデータベースであるJAEA-TDB[26]や，高温高圧領域における水岩石反応を対象としたSUPCRT92[13]，高塩濃度領域が対象となるpitzer

データベースなどがよく知られています。さらに，いずれの熱力学データベースも自分で編集・追加することができます。内部整合性には十分に注意を払う必要がありますが，全ての化学種を網羅したデータベースが存在しない以上，必要に応じてデータベースを編集・追加することは，正確な化学反応モデルを構築するために重要です。

6.3 閉鎖反応系における化学反応モデルの構築

本節では，実際に化学反応モデルを構築する上で考慮すべき反応の種類について，具体的に説明します。まずはビーカーのような移流・拡散を考慮しない閉鎖反応系（バッチ系）における，地球化学コードを用いた溶液反応モデルの構築について解説します。特に最も基本となる化学平衡計算，表面錯体モデル，反応速度式の取り扱いについて紹介します。

6.3.1 化学平衡計算

溶液中には様々な陽イオン，陰イオンが溶存しています。化学平衡計算で考慮すべき化学種を決定する上で，まずは溶液の化学組成データを得る必要があります。特にNa^{+}，K^{+}，Mg^{2+}，Ca^{2+}，F^{-}，Cl^{-}，$NH_4{}^{+}$，$NO_3{}^{-}$，$SO_4{}^{2-}$，$CO_3{}^{2-}$（アルカリ度），$PO_4{}^{3-}$，SiO_2といった主要な成分のデータは必ず取得しておく必要があります。採水試料中のいくつかの成分は時間とともに濃度が変化するため，採水後時間をおかずに測定する必要があります。例えば，主要陽イオンは原子吸光光度計やICP発光分光分析法などの方法で，アンモニア濃度はチモールを用いた比色分析により測定します。また，陰イオンはイオンクロマトグラフィー，$CO_3{}^{2-}$濃度（アルカリ度）は酸滴定法や全炭素分析計，SiO_2濃度はモリブデン黄吸光光度法などにより分析します。

これらの主要成分の濃度データに加えて，pHや酸化還元電位 (ORP)，溶存酸素濃度 (DO) など他のデータと合わせて，溶液化学組成のデータをソフトウェアに入力します。そして計算を実行すると，反応系内が平衡時に飽和し生成し得る鉱物種が確認できます。この値は Saturation Indices(SI) と呼ばれ，対象とする物質の溶液中のイオン活量積 IAP および溶解度積 K_{sp} によって以下のように示されます。

$$\mathrm{SI} = \log\left(\frac{IAP}{K_{\mathrm{sp}}}\right) \tag{6.1}$$

SI<0 の場合は不飽和状態であり，沈殿が生成しないことを意味しています。また SI=0 のときは飽和，SI>0 の場合は過飽和であることを意味しています。平衡系における各鉱物の SI 計算は手計算でも可能ですが，PHREEQC や GWB，MINTERQ で簡単に調べることができるので，沈殿種を推定する際に役立ちます。例えば，表 6.2 に示す鉱山の酸性坑廃水を NaOH で pH 9 とした場合，最も濃度の高い Mn については図 6.2 に示すような SI 値が得られます [27]。ここから，坑廃水中の Mn は正の SI 値を示すマンガナイト (γ-MnOOH) として沈殿する可能性が考えられます。

表 6.2　国内鉱山の酸性坑廃水組成

pH	溶存元素濃度 (mg L^{-1})							
	Mn	Fe	Al	Cu	Zn	Pb	Cd	SO_4^{2-}
4.5	38.5	<0.01	2.99	0.812	24.2	0.340	0.0767	454

Phase	SI	Log IAP	Log IAP (298 K, 1 atm)
MnOOH	2.38	27.72	25.34
$Mn_2(SO_4)_3$	-51.70	-57.41	-5.71
$MnSO_4$	-8.66	-6.07	2.58
MnO_2(Nsutite)	-2.06	15.45	17.50
⋮			

図 6.2　SI 値の計算結果例

化学計算に考慮すべき化学種や反応式に不足がないかどうかを簡易的に確認するには，入力した化学組成を持つ溶液の pH 値（イオンバランス）を計算値として出力し，実測値と比較する方法があります。計算値の pH

が実測値と大き崩れている場合は，溶液中の陽イオン，陰イオンに考慮されていない化学種あるいは化学反応式がある可能性があります。特に，データベースに含まれていない化学種や化学反応式がある場合，文献値あるいは実験値を用いてモデル内で反応式を定義する必要があります。その際，実験や現地で採取した固体試料に対するX線回折 (XRD) やX線吸収微細構造 (XAFS) などの固体分析，走査電子顕微鏡などによる観察結果が役立ちます。実際のシミュレーションでは温度やpH，溶液を添加して元の溶液の化学組成変化させた反応モデルを構築することになりますが，その際にも，まずはイオンバランスが実験値や観測値と一致することを確認する必要があります。

その例として前掲の表6.2の鉱山廃水の中和反応モデルを紹介します[28]。坑廃水の中和モデルでは，pHを上昇させた際の沈殿機構や発生汚泥量の予測を行います。表6.2の廃水試料に徐々に1M NaOHを添加していき，溶液中に残存する (<0.1 μm) 金属元素濃度をICP発光分光分析装置およびイオンクロマトグラフィーで測定しました。その結果，図6.3にプロットしたように，pHの上昇に伴って各元素濃度が大きく減少しました[28]。

図中の線で示したものは化学平衡計算結果です。また，図中のグレーで

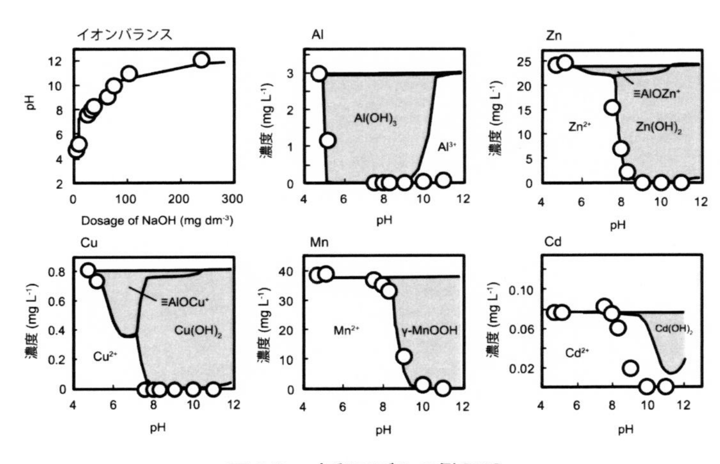

図6.3　中和モデルの例 [28]

示した部分は固相として，白色で示した部分はイオンとして，溶液中にそれぞれ存在していることを示します。ここには次項で説明する表面錯体反応や Mn の酸化速度反応式が組み込まれています。

実験値と計算値が一致している Cu や Zn は，一部 $Al(OH)_3$ への表面錯体形成反応により除去されていることが分かります。イオンバランスも実測値と計算値でほぼ一致していることから，化学反応モデル内にほとんど不足なく化学反応を組み込むことができていることが分かります。しかし Cd に注目すると実際（水酸化物が生成する pH）よりも低い pH 領域 (8～10) で濃度が減少していることが分かります。図 6.3 の場合，試料中の Cd 濃度が低いためにイオンバランス値は一見合っているように見えますが，実際には計算にあたって Cd の挙動を再現する化学反応式が不足しています。Cd 濃度は pH 8～10 にかけて減少し，同じ pH 条件で Mn 濃度も減少していることから，Mn 沈殿物が Cd 除去に関与している可能性が考えられます。この計算を改善する方法については次の表面錯体モデルの項目で説明します。

6.3.2　表面錯体モデル

前述の通り，正確な反応モデルを構築するためには，元素自身の水酸化物や炭酸塩生成だけでなく，固体表面への表面錯体形成反応も含める必要があります。表面錯体モデルには，最もよく使われる拡散層モデル (DLM) の他に，内圏錯体と外圏錯体を区別する三重層モデル (TLM)，異なる吸着サイトを考慮する電荷分布多重サイト (CD-MUSIC) モデルなど，様々なものが存在します。ここでは，DLM と CD-MUSIC の 2 つのモデルについて説明します。また，表面錯体形成反応は速度式を用いた解析も可能ですが，ここでは平衡系における反応を取り扱います。

まず，表面錯体反応の最も基本的な式について紹介します。なお基本的な式の仕組みについては所千晴 著『初心者のための PHREEQC による反応解析入門』[29] や W. Stumm & J. J. Morgan 著 *Aquatic Chemistry*[30] など多数の教科書でも紹介されておりますので，そちらを参照してください。

表面錯体反応において，見かけ上の平衡定数 K^{app} は以下のように示されます。

$$\equiv \mathrm{SOH_2}^+ \leftrightarrow \equiv \mathrm{SOH}^0 + \mathrm{H}^+ \tag{6.2}$$

$$\frac{\left[\equiv \mathrm{SOH}^+\right]}{\left[\equiv \mathrm{SOH}^0\right][\mathrm{H}^+]} = K^{\mathrm{app}} = K^{\mathrm{int}} \exp\left(-\frac{\Delta z F \Psi}{RT}\right) \tag{6.3}$$

ここで F はファラデー定数，T は絶対温度，Δz は表面錯体形成反応による表面電荷の変化量，Ψ は表面電位，K^{int} は固有吸着平衡定数となります。この K^{int} の値については様々な値がデータベース化されていますが，データベース上にない，または文献値としても報告されていない場合は，収着等温線および pH-エッジ図を作成し，表面錯体反応計算により K^{int} を決定する必要があります。

（1）拡散層モデル (DLM)

拡散層モデルは吸着質固体と溶液の固液界面における電気二重層を拡散層と仮定したものです。三重層モデル (TLM) や，異なる吸着サイトを考慮する CD-MUSIC と比べて計算に必要なパラメータが少ないため，吸着サイトやその吸着形態の区別は考慮できませんが，簡易的に化学反応モデルに組み込むことができます。計算を行う際，前述の固有吸着平衡定数 (K^{int}) 以外に，以下の式で求められる交換容量 E [mol mol^{-1}] の値が必要となります [18,29]。

$$E = \frac{N_{\mathrm{s}} \cdot S \cdot M \cdot 10^8}{N_{\mathrm{a}}} \tag{6.4}$$

ここで N_{s} はサイト密度 [nm^{-2}]，S は比表面積 [m^2 g^{-1}]，M は固相の分子量 [g mol^{-1}]，N_{a} はアボガドロ定数 [mol^{-1}] です。サイト密度値および比表面積値は文献値を参照するほか，サイト密度値はトリチウム交換法や酸塩基滴定法，比表面積値は窒素ガス吸着法で分析可能です [29]。ただし，文献によってこれらの値が異なり，また正確な測定も難しい（測定条件によって大きく異なる）ため，これらの値の取り扱いには注意が必要です。固有吸着平衡定数 (K^{int}) がデータベース上にない，または文献値としても報告されていない場合は，収着等温線および pH–エッジ図の作成により得ることができます。その取り扱いについて，6.3.1 項で取り上げた酸性坑廃水中の Cd 除去についての計算を例に紹介します。

前述のように，表 6.2 に示した坑廃水を NaOH 溶液で中和した場合，SI 値より坑廃水中の Mn は γ-MnOOH として沈殿すると考えられます。この γ-MnOOH は Zn や Cd と表面錯体を形成することが知られており，前述の実験でも Mn と Cd が同じ pH 領域で沈殿していることや，坑廃水中の Cd に対して Mn 濃度が十分高いという特徴から，反応系内で以下の γ-MnOOH に対する Cd 表面錯体反応が生じている可能性が考えられます [28]。

$$\equiv \mathrm{MnOH}^0 + \mathrm{Cd}^{2+} \leftrightarrow \equiv \mathrm{MnOCd}^+ + \mathrm{H}^+ \tag{6.5}$$

そこで，実験室内で合成した γ-MnOOH と Cd 溶液を用いて吸着実験を実施し，K^{int} 値を決定しました。Cd/Mn のモル比を 0.05～2 に調整して実験を行い，収着等温線を作成し [28]，また，Cd/Mn モル比 0.125 の条件では pH を 8～9 で変化させ pH-エッジ図を作成しました。仮に文献値が得られている場合でも，計算を実施する（対象試料の）元素濃度や pH 領域で得られた吸着平衡定数（K^{int}）でない場合は，実験によりその値が正しいかどうか調べる方が，より正確に計算が実施できます。

実験の結果，図 6.4 のような結果が得られ，実験値に対するフィッティングにより Log $K^{\mathrm{int}} = -4.0$ という結果が得られました。その際，γ-MnOOH の比表面積および表面錯体生成に寄与し得るサイト密度は文献値 [31,32] の 87 $\mathrm{m^2\ g^{-1}}$，7.9 $\mathrm{nm^{-2}}$ を使用し，吸着交換容量（E [mol mol-Mn^{-1}]）は 0.10 mol mol-Mn^{-1} と計算され，この値を用いて K^{int} 値を算出しました。この反応を 6.3.1 項で紹介した中和反応モデルに組み込むことで，図 6.4 のように坑廃水処理における Cd の挙動を再現することができました [28]。

この結果から，坑廃水の中和処理において Cd の主な除去機構は γ-MnOOH への表面錯体反応であることが分かりました。このように，これまで報告されていない表面錯体反応も未だ数多くあり，実験によってそのデータベースを充実させていくことが大切です。なお，化学反応モデル計算から予測した機構が正しいかどうか判別するためには，固体分析な

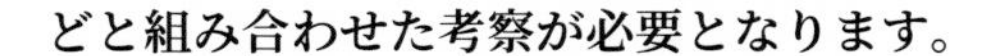
どと組み合わせた考察が必要となります。

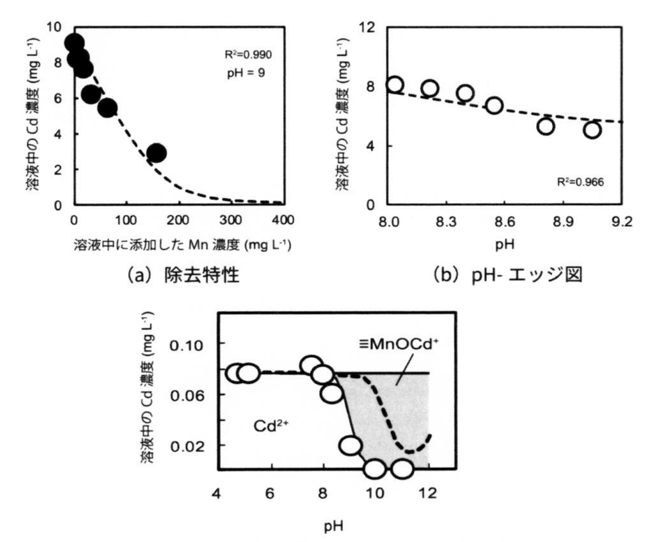

(a) 除去特性　(b) pH- エッジ図

(c) 改善後の坑廃水 Cd 除去反応計算結果

図 6.4　γ-MnOOH と Cd の表面錯体反応モデル [28]

MnOOH に対する Cd^{2+} の吸着のように１つの吸着サイトに１分子（単座配位子）が吸着する錯体形成反応だけでなく，溶液中で多座配位子が生成し吸着する反応を考慮することで，除去対象となる元素の挙動を表現できる場合もあります。すなわち，以下の反応が生じる場合を考慮します。ここで，錯体の M は中心原子，L は配位子（リガンド）を意味します。この場合，それぞれの反応に対して K^{int} の値が必要となります。

$$
\begin{aligned}
&\mathrm{M} + 2\mathrm{L} \leftrightarrow \mathrm{ML_2} \\
&\mathrm{M} + 3\mathrm{L} \leftrightarrow \mathrm{ML_3} \\
&\mathrm{M} + 4\mathrm{L} \leftrightarrow \mathrm{ML_4} \\
&\qquad\quad \vdots \\
&\mathrm{M} + i\mathrm{L} \leftrightarrow \mathrm{ML}_i
\end{aligned}
\tag{6.6}
$$

この反応を扱った解析例として，水酸化マグネシウム ($Mg(OH)_2$) を用いた廃液中のフッ素 (F) 除去実験結果について紹介します [33]。F はガラス工業や電子工業のエッチング加工で大量に使用されるため，これらの工場排水にしばしば高い濃度で含まれています。F 除去法としてフッ化カルシウム生成 (CaF_2) による凝集沈殿法や水酸化アルミニウム ($Al(OH)_3$) との共沈法が用いられていますが，これらの方法では排水中の F 除去は完全には難しく，大量の汚泥が発生するという問題があります。

そこで安価かつ効率的な除去剤として $Mg(OH)_2$ を用いた吸着および共沈除去実験を実施し，$Mg(OH)_2$ 表面における F 除去メカニズムについて化学平衡計算をもとに検討しました。吸着法では事前に別容器に $Mg(OH)_2$ を作成し，F 溶液 (2.6～5.3 mmol L，pH 10.5) と混合しています。一方，共沈法では溶存態の Mg^{2+} と F^- を含む溶液を作成し，pH を KOH で上昇させることで F^- 共存下で $Mg(OH)_2$ を沈殿させています。両反応系における収着等温線を比較したところ，F 吸着量は吸着法に比べて共沈法で 4 倍以上高くなることが分かりました（図 6.5）。また，収着等温線はいずれも Langmuir 型を示すことから，主な反応機構は単分子層吸着であることが分かります。

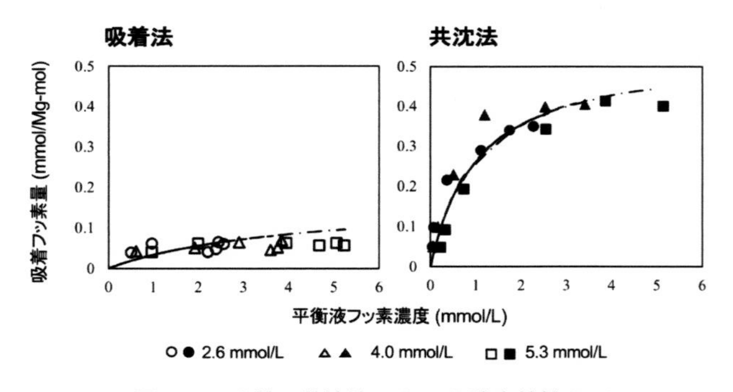

図 6.5　吸着・共沈法による F 除去特性 [33]

ここで，実験を行った pH 条件 (10.5) において，$Mg(OH)_2$ 表面では $MgOH^0$ と $MgOH^{2+}$ の 2 つの吸着サイトが存在すると考えられます。

したがって，$Mg(OH)_2$ 表面では溶液中の F と以下の表面錯体反応が生じていると考えられます。

$$\equiv MgOH^0 + F^- \leftrightarrow \equiv MgF^0 + OH^- \quad (6.7)$$

$$\equiv MgOH_2{}^+ + F^- \leftrightarrow \equiv MgOH_2F^0 \quad (6.8)$$

これらの表面錯体生成反応を考慮した平衡計算を実施したところ，図 6.5 の吸着法の実験値と収着等温線が一致することが確認されました。よって，吸着法は溶液中の F^- 単座配位子との反応によって説明されることが分かります。また，後述の図 6.7 に示すように，式 (6.8) ではなく式 (6.7) で示す反応が支配的となることが分かります。一方，共沈法では 4 倍以上の F 吸着量を示したことから，別の吸着法反応系とは別の反応が F^- 除去反応に関与していることが予想されます。

一般的には多くの場合，吸着法よりも共沈法の方が高い収着量が認められます。その機構は多層収着や表面沈殿生成によって説明され，収着等温線も BET 型を示します。しかし，今回共沈系においても収着等温線は Langmuir 型を示すことから，以下のように溶液中において多座配位子の生成の可能性を検討しました [34]。

$$\equiv Mg^{2+} + F^- \leftrightarrow \equiv MgF^+ \qquad \mathrm{Log}\ K = 2.05 \quad (6.9)$$

$$\equiv Mg^{2+} + 2F^- \leftrightarrow \equiv MgF_2 \qquad \mathrm{Log}\ K = 8.13 \quad (6.10)$$

$$\equiv Mg^{2+} + 3F^- \leftrightarrow \equiv MgF_3{}^- \qquad \mathrm{Log}\ K = -30.7 \quad (6.11)$$

$$\equiv Mg^{2+} + 4F^- \leftrightarrow \equiv MgF_4{}^{2-} \qquad \mathrm{Log}\ K = -40.3 \quad (6.12)$$

$$\equiv Mg^{2+} + 5F^- \leftrightarrow \equiv MgF_5{}^{3-} \qquad \mathrm{Log}\ K = -40.8 \quad (6.13)$$

$$\equiv Mg^{2+} + 6F^- \leftrightarrow \equiv MgF_6{}^{4-} \qquad \mathrm{Log}\ K = -36.0 \quad (6.14)$$

これらの反応式を化学反応モデル計算に考慮し，溶液中の Mg^{2+} および F^- 濃度を 5.3 mmol L^{-1} とした際の pH 9～13 の pH-Log C 図を作成しました（図 6.6）。その結果，実験を行った pH 10.5 の条件では MgF^{3-} および $MgF4^{2-}$ の生成が示唆されました [33]。

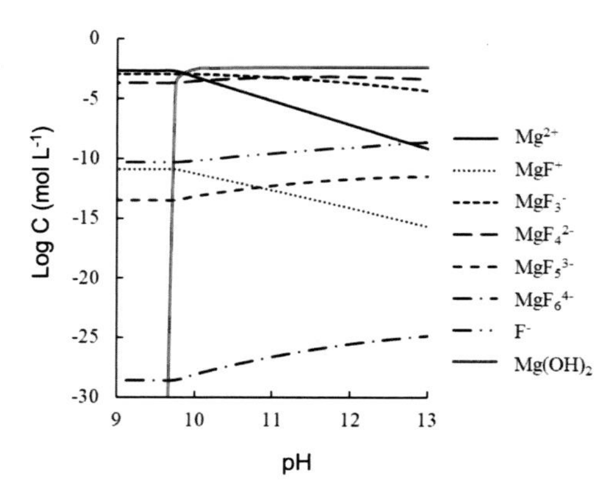

図 6.6　溶液中の Mg-F 錯体生成に関する pH-log C 図 [33]

この結果から，以下のように Mg-F 多座配位子の $Mg(OH)_2$ 表面への錯体生成反応が生じていると考えられます。化学平衡計算に考慮し，図 6.5 で示した共沈反応系の実験結果と収着等温線が一致する表面錯体反応平衡定数をフィッティング（Log K = 0.2）により決定しました [33]。

$$\equiv MgOH^0 + MgF_3^- \leftrightarrow \equiv Mg\text{–}MgF_3^0 + OH^- \quad \text{Log K} = 0.20 \qquad (6.15)$$

$$\equiv MgOH^0 + MgF_4^{2-} \leftrightarrow \equiv Mg\text{–}MgF_4^- + OH^- \quad \text{Log K} = 0.20 \qquad (6.16)$$

図 6.7 の結果より，共沈反応系では MgF_4^{2-} ではなく MgF_3^- の生成が支配的である可能性が示唆されました [33]。このような溶液中における

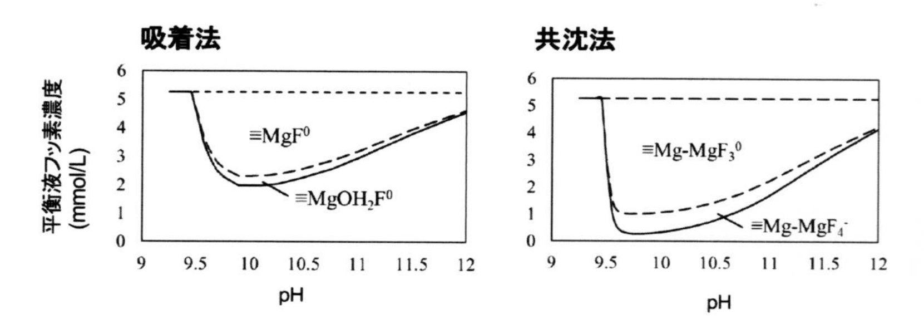

図 6.7　吸着・共沈法における $Mg(OH)_2$ 表面の F 錯体の割合 [33]

多座配位子の生成は Al-F 反応系でも確認されており，対象とする元素や実験方法に合わせて逐次表面錯体反応も化学反応モデル中で考慮する必要があります。

（2）電荷分布多重サイトモデル (CD-MUSIC)

これまで説明した DLM では吸着サイトを 1 種類と仮定して化学平衡計算を実施していますが，実際には鉱物など固体表面には複数の吸着サイトが存在し，それぞれ異なる吸着特性を示します。この異なる吸着サイトに対する元素の吸着を平衡計算として取り扱うために，電荷分布多重サイトモデル (Charge distribution multi-site complexation, CD-MUSIC) が用いられます。計算に考慮すべき吸着サイトは鉱物種ごとに異なりますが，ここではバーネス鉱 (δ-MnO_2) を取り上げて計算例を紹介します。

前述の γ-MnOOH の酸化が進むと，4 価のマンガン酸化物である二酸化マンガン ($Mn(IV)O_2$) が生成します。MnO_2 は複数の多形を有しており，代表的なものとしてクリプトメレーン鉱 (α-MnO_2)，パイロリュース鉱 (β-MnO_2)，バーネス鉱 (δ-MnO_2) などがあります。そのうち，δ-MnO_2 は層状構造を持つため様々な金属元素に対して高い除去能を示すことから，環境材料として最も注目されており，δ-MnO_2 に対して様々な金属元素の吸着挙動を調べた研究が多く存在します [20,21]。特に δ-MnO_2 の XAFS 分析により，δ-MnO_2 の表面には主に Triple-Corner-Sharing(TCS) サイト，Double-Corner-Sharing(DCS) サイト，Triple-Edge-Sharing(TES) サイトが金属イオンとの反応に関与していることが分かっています（図 6.8）。さらに，これらの吸着サイトのうち TCS サイトと DCS サイトが高い反応性を有していることが分かっており，δ-MnO_2 表面の TCS サイトと DCS サイトそれぞれに対する表面錯体生成反応として取り扱われます [21]。

CD-MUSIC モデルによる表面錯体反応計算を実施する場合は，各吸着サイトに対するサイト密度（比表面積）値と平衡定数 K^{int} が必要になります。さらに，静電容量 C と電荷分布値 Δz も設定する必要があります。これらの値は様々な既往研究で紹介されています。例えば，δ-MnO_2

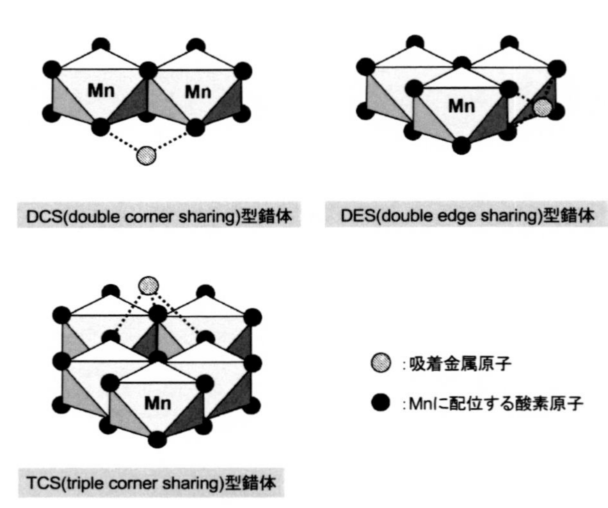

図 6.8　δ-MnO_2 表面における主な吸着サイト

表面におけるサイト密度は TCS サイト：7.53 nm^{-2}，DCS サイト 4.95 nm^{-2}，静電容量は TCS サイト：C1 = C2 = 2.5 F m^{-2}，DCS サイト：C = 2.0 F m^{-2} と報告されています [20,21]。また，様々な金属に対する平衡定数 K^{int} と電荷分布値 Δz は，表 6.3 のように報告されています。表中の 2≡$MnOH^{-1/3}$ および 3≡$MnOH^{-2/3}$ はそれぞれ δ-MnO_2 表面の TCS サイトおよび DCS サイトに相当します。

表 6.3　δ-MnO_2 の CD-MUSIC モデルに考慮する各反応の電荷分布値と平衡定数 [20,21]

Reactions	Δz_0	Δz_1	Δz_2	Log K
$\equiv MnOH^{-1/3} + H^+ \leftrightarrow \equiv MnOH_2^{+2/3}$	1	0	0	4.6
$\equiv MnOH^{-1/3} + Na^+ \leftrightarrow \equiv MnOH_2^{-1/3}...Na^+$	0	1	0	− 0.6
$2 \equiv MnOH^{-1/3} + Cd^{2+} + H_2O \leftrightarrow (\equiv MnOH)_2CdOH^{+1/3} + H^+$	0.72	0.28	0	− 2.86
$2 \equiv MnOH^{-1/3} + Mn^{2+} + H_2O \leftrightarrow (\equiv MnOH)_2MnOH^{+1/3} + H^+$	0.57	0.43	0	− 1.04
$2 \equiv MnOH^{-1/3} + Zn^{2+} + H_2O \leftrightarrow (\equiv MnOH)_2ZnOH^{+1/3} + H^+$	0.51	0.49	0	− 3.54
$3 \equiv Mn_2O^{-2/3} + Cd^{2+} \leftrightarrow (\equiv Mn_2O)_3Cd_0$	2	0	0	1.36
$3 \equiv Mn_2O^{-2/3} + Mn^{2+} \leftrightarrow (\equiv Mn_2O)_3Mn^0$	2	0	0	0.47
$3 \equiv Mn_2O^{-2/3} + Zn^{2+} \leftrightarrow (\equiv Mn_2O)_3Zn^0$	2	0	0	− 0.36

このモデルにより，吸着サイトごとに複数の金属元素が共存する際の競争吸着による選択性が定量評価できるようになりました。δ-MnO_2 の TCS サイトにおいては熱力学平衡計算により Pb>Cu>Co>Cd>Mn>Zn>Ni，また DCS サイトでは Pb>Co>Mn ≈ Cu>Cd>Zn>Ni であると予測されています [21]。

以下に，実際に合成した δ-MnO_2 を用いて Zn の除去実験を実施した例を紹介します [27]。pH エッジ図を作成するために，δ-MnO_2 懸濁液と Zn 溶液を初期 Zn/Mn モル比が 0.125 となるように混合し，pH(3.5~7) で 1 時間攪拌した後に溶液中の Zn 濃度を測定しました [27]。その結果，図 6.9 に示したプロットのような濃度変化が見られました。

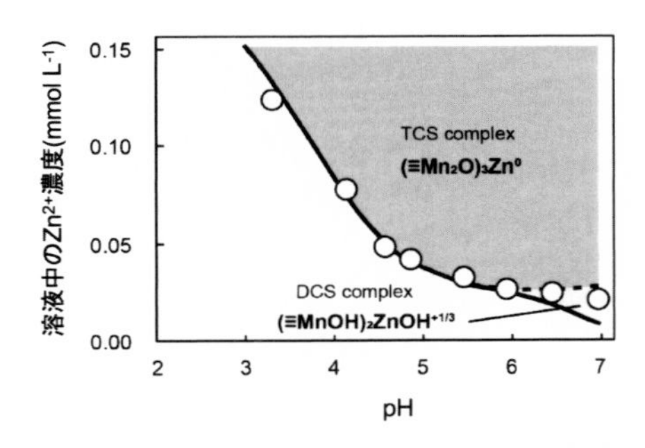

図 6.9　CD-MUSIC を用いた δ-MnO_2 に対する Zn 表面錯体反応の pH-エッジ図 [27]

この結果を CD-MUSIC モデルに当てはめて解析するために，δ-MnO_2 のサイト密度，静電容量，電荷分布値と Zn に対する表面錯体反応平衡定数は上記の文献値を使用しました [20,21]。比表面積は測定値 (139 m^2 g^{-1}) を使用しました。この値は δ-MnO_2 の最表面の DCS サイトに相当すると考えられます [20,21]。反応に寄与する TCS サイトと DCS サイトの比表面積比 (STCS/SDCS) は 4.14 と推定されていることから [20,21]，本事例で使用した δ-MnO_2 の層間内部の比表面積（STCS）は 576 m^2 g^{-1} と計算されます。

これらの結果を用いて CD-MUSIC により Zn の除去反応を計算した

結果，図 6.9 の点線のような結果が得られ，実験値を良好に再現することができました。TCS サイトと DCS サイトに吸着する Zn 量を比較すると，中性 pH 付近 (~7) まではほぼ全ての Zn が TCS サイトに吸着することが分かります。つまり，δ-MnO_2 の層間へのインターカレーションが支配的な Zn 除去機構であるということです。また，pH>7 の条件ではわずかに DCS サイトにも吸着が生じることも分かります。このように CD-MUSIC を用いることで，DLM では難しいマルチサイトへの吸着挙動を再現できるようになります。

6.3.3　反応速度論による計算

ビーカーのような閉鎖系内の反応であっても，実際は全ての反応が平衡状態に達しているとは限りません。そこで化学反応モデルに平衡反応式のみならず反応時間を考慮した反応速度式も組み込むことで，より正確な化学モデルを構築することができるようになります。ここでは資源分野でよく取り扱われる鉱物の溶解速度式や Fe^{2+} および Mn^{2+} の酸化反応速度について解説します。

(1) 鉱物の溶解反応

溶液中において，鉱物は水と接触することで徐々に溶解します。この溶解反応速度は，鉱物の種類によって大きく異なります。以下では石灰石やケイ酸塩鉱物の溶解反応速度式を例に，鉱物溶解反応のモデル化を考えてみます。

石灰石や主要なケイ酸塩鉱物は我々の身の回りに多く存在し，古くから様々な工業に用いられるとともに，地球化学分野において重要な研究対象であり続けています。例えば，石灰石は地球上の物質循環や環境変遷の中で非常に重要な役割を担っていることが分かっています。陸上岩石の化学風化とは，岩石（ケイ酸塩鉱物）が雨水などの水を介して溶解し大気中の CO_2 を固定する現象で，大気中の CO_2 濃度を安定化させる重要なメカニズム（1.1.1 項で記載されている地球の持つ自浄作用の一つ）です。

石灰石は大気・海洋中の CO_2 が形を変えたものであり，化学風化の速度を規定する一つの要因がケイ酸塩鉱物の溶解速度です。このことから，石灰石やケイ酸塩鉱物の溶解反応は地球化学分野で古くから研究が進んでおり，一連の研究は鉱物溶解反応の速度論的な解釈やモデリングの基礎を形作っています [35-40]。

一般的に，多くの鉱物の溶解反応は式 (6.17) で表されます。

$$\mathrm{R} = k\frac{A_0}{V}\left(\frac{m}{m_0}\right)^n\left(1-\frac{IAP}{K_{\mathrm{sp}}}\right) \tag{6.17}$$

ここで $\mathrm{R}[\mathrm{mol\ L^{-1}\ s^{-1}}]$ は溶解反応速度，k は反応速度定数，A_0 は鉱物の比表面積 $[\mathrm{m^2}]$，V は反応溶液の量 [L]，m は反応時間における鉱物量，m_0 は初期の鉱物量，n は形状係数です。ここに，$\mathrm{H^+}$ の活動度を示す定数（pH 依存性を示す定数）を加える式も一般的に利用されますが [41]，他の溶液組成条件にも対応するため，ここでは後述する反応速度定数で考慮します。

式 (6.17) において，IAP はイオン活量積，K_{sp} は溶解度積です。この比を対数で表記したものが，6.3.1 項で解説した飽和指数 (Saturation Indices, SI) です（式 (6.1)）。式 (6.1) において，SI が 0 のとき（IAP/K_{sp} が 1 のとき）は対象鉱物に対して溶液が飽和していることを，正の値を示すとき（IAP/K_{sp} が 1 より大きいとき）には過飽和であることを，負の値を示すとき（IAP/K_{sp} が 1 より大きいとき）には不飽和であることを示します。つまり，式 (6.17) は鉱物の飽和度に従って溶解速度が変化することを意味しており，これは多くの実験データより見出された反応速度則の核になる部分です。

$\mathrm{A_0}$，V，m については反応系の条件から一意に決めることができますが，モデル化において次に検討しなければならないのが反応速度定数 k です。反応速度定数は温度や溶液組成によっても変化することが知られていたため，これを適切に定式化する必要があります。反応速度の温度依存性はアレニウスの式に従い，式 (6.18) のように示されます。

$$k = A \cdot \exp\left(\frac{-E_a}{RT}\right) \tag{6.18}$$

ここで，A は頻度因子と呼ばれる温度に無関係な定数，E_a は（見かけの）活性化エネルギー，R はガス定数です。鉱物溶解速度は多くが 25 ℃の条件で測定されてきたことから，25 ℃における反応速度定数 k_{25} を代入し

て式 (6.19) を書き換えると，以下のようになります。

$$k = k_{25} \cdot \exp\left(\frac{-E_a}{R}\left(\frac{1}{T} - \frac{1}{298.15}\right)\right) \tag{6.19}$$

さらに溶液の pH に対する依存性を考慮する場合には，式 (6.20) のように定式化されます。

$$k = k_{25} \cdot \exp\left(\frac{-E_a}{R}\left(\frac{1}{T} - \frac{1}{298.15}\right)\right) a_{H^+}^{n} \tag{6.20}$$

ここで a_{H^+} は H^+ の活量，n は H^+ の触媒作用（促進作用）に関する反応次数 (reaction order) と表記されますが，実際には実験的に求められる定数です。現在では，上記の反応速度定数を純水（中性条件）における溶解速度と H^+（酸），OH^-（塩基）の促進作用との足し合わせとして表現する方法もとられています。この場合，反応速度定数は以下のように示されます。

$$\begin{aligned} k =& k_{25}^{\text{acid}} \exp\left[-\frac{E_a^{\text{acid}}}{R}\left(\frac{1}{TK} - \frac{1}{298.15}\right)\right] a_{H^+}^{n} \\ &+ k_{25}^{\text{neut}} \exp\left[-\frac{E_a^{\text{neut}}}{R}\left(\frac{1}{TK} - \frac{1}{298.15}\right)\right] \\ &+ k_{25}^{\text{OH}} \exp\left[-\frac{E_a^{\text{OH}}}{R}\left(\frac{1}{TK} - \frac{1}{298.15}\right)\right] a_{\text{OH}}^{n\text{OH}} \end{aligned} \tag{6.21}$$

さらに，石灰石を含む炭酸塩鉱物については HCO_3^-（P_{CO_2} での表記も可能）による反応促進項が加わり以下のように示されます。

$$\begin{aligned} k =& k_{25}^{\text{acid}} \exp\left[-\frac{E_a^{\text{acid}}}{R}\left(\frac{1}{TK} - \frac{1}{298.15}\right)\right] a_{H^+}^{n} \\ &+ k_{25}^{\text{neut}} \exp\left[-\frac{E_a^{\text{neut}}}{R}\left(\frac{1}{TK} - \frac{1}{298.15}\right)\right] \\ &+ k_{25}^{CO_2} \exp\left[-\frac{E_a^{CO_2}}{R}\left(\frac{1}{TK} - \frac{1}{298.15}\right)\right] P_{CO_2}^{n} \end{aligned} \tag{6.22}$$

また，後述する黄鉄鉱は，Fe^{3+} や O_2 による反応促進項を加えることでより正確に反応速度定数が定義されることが知られています。Palandri & Kharaka(2004)[42] は，これまでに行われた様々な鉱物溶解反応に関する文献をコンパイルし，式 (6.21) や式 (6.22) に入力される k_{25} や E_a，n の値を算出しており，現在の地球化学モデリングにおいて非常に重要な文献となっています。

鉱物間における溶解速度の違いを示すため，表 6.4 に Lasaga *et al.*(1994)[41] によりコンパイルされた，25 ℃，pH 5 における主要構成鉱物の反応速度と粒径 1 mm の結晶の平均寿命（溶け切るまでの時間）を表示します。

表 6.4　25 ℃，pH 5 の条件における直径 1 mm の結晶の寿命 [41]

鉱物名	溶解速度（対数表記）[mol m^{-2} s^{-1}]	モル量当たりの体積 [cm^3 mol^{-1}]	寿命 [y]
Quartz	−13.39	22.688	34,000,000
Kaolinite	−13.28	99.52	6,000,000
Muscovite	−13.07	140.71	2,600,000
Epidote	−12.61	139.2	923,000
Microcline	−12.50	108.741	921,000
Prehnite	−12.41	140.33	579,000
Albite	−12.26	100.07	575,000
Sanidine	−12.00	109.008	291,000
Gibbsite	−11.45	31.956	276,000
Enstatite	−10.00	31.276	10,100
Diopside	−10.15	66.09	6,800
Forsterite	−9.5	43.79	2,300
Nepheline	−8.55	55.16	211
Anorthite	−8.55	100.79	112
Wollastonite	−8.00	39.93	79

上記から，身の回りに多く存在する一般的な鉱物でも，その反応速度定数は 10 の 5 乗倍以上のバリエーションを持つことが分かります。モデル化において全ての鉱物や全てのイオン種を正確に考慮することが望ましいのは明らかですが，反応速度の違いを考慮してモデルを簡略化し取り扱いを容易にすることも重要です。また，モデルの簡略化を考えることで，より本質的な反応を明らかにすることができます。モデル化に際しては，自

分が再現しようとしている反応の時間スケールやその特性を十分に考慮した上で，支配的な反応プロセスからモデルに組み込んでいくことが肝要です。

さて，反応速度則である式 (6.17) を用いることで鉱物の溶解反応を再現できることが分かりましたが，実際の反応系においてはもう一つ考えるべきことがあります。それが鉱物の生成・沈殿反応です。式 (6.1) において，IAP/K_{sp} が 1 よりも大きな値をとるとき（つまり SI が正の値），溶液はその鉱物に対して過飽和であり，溶解ではなく沈殿反応が進むことが分かります。無限時間後の平衡状態を考える平衡計算においては，SI = 0 が達成されるまで対象鉱物成分を溶液から取り除いていく（沈殿させる）ことで平衡状態を再現することが可能であり，多くの現象はこのような平衡計算で再現することができます。

一方で，上記の平衡計算では鉱物の沈殿（析出）に係る速度が考慮されていません。ある鉱物が溶液中で過飽和になったとき，その鉱物は即座に沈殿するわけではありません。沈殿は核生成速度と沈殿速度の 2 つの律速段階を有します。核生成 (nucleation) とは，文字通り溶液中で新たな鉱物相の核 (nucleus) が生成することを意味します。また，沈殿速度は核成長の速度ととらえることもできますが，鉱物の成長に伴い溶液中からこの成分が除去されていく速度に相当します。このような核生成から核成長に至る固体析出のプロセスの理解には，図 6.10 に示す LaMer モデル

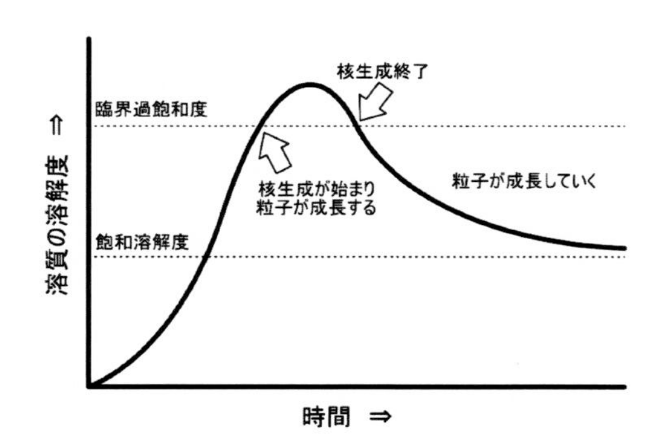

図 6.10　LaMer モデルで表現される核生成および核成長（[43] を一部改変）

がよく用いられます [43]。

上述の通り，溶液がある鉱物に対して過飽和になったとき核が生成し（図 6.10 中の飽和溶解度に相当），このとき，鉱物核は幼核，不安定核，安定核と分類されます。これらは不確定性的に発生しますが，幼核や不安定核はすぐに再溶解してしまいます。一方で，飽和度が一定の値（図中の臨界過飽和度）に達すると安定核が生成し，粒子が成長していきます。

地球化学モデリングにおいて上記のような反応を完全に再現することは難しいですが，沈殿生成が開始するタイミングを設定することは可能です。つまり，過飽和になった段階ですぐに沈殿生成が進むのではなく，SI が一定の値（例えば 0.5 など）に達すると初めて沈殿生成が開始すると設定する方法です。このとき，沈殿が開始する SI にどのような値を設定すればよいかは，対象とする鉱物や溶液組成によっても変わりますので，実験結果との整合性がとれるように調整することが望ましいと考えられます。沈殿速度（量）については，設定した SI を超える分量の全てが速やかに沈殿するという取り扱いが，最も簡易的かつ一般的に用いられる手法です。しかし，先行文献では核成長の速度自体も SI と正の相関を持つことが示されており [44]，このような条件を考慮するためには，沈殿速度も設定してモデルに組み込む必要があります。

上記のような沈殿生成の速度をモデルに組み込む際に注意する点は，考慮の対象とする鉱物の設定です。ある鉱物の沈殿生成が開始する SI を過度に大きく設定してしまった場合，本来生成しない鉱物の沈殿生成が予測されてしまうことがあります。ソフトウェアによっては，検討対象とする鉱物をあらかじめ設定するものもありますが，熱力学データベースに収録される鉱物・化合物を全て考慮に入れて計算が実行されるソフトもあります。その場合には，検討から除外する鉱物種などを適切に設定する必要があります。正しいモデル結果を得るためには，出力されたデータをそのまま鵜呑みにするのではなく，その中身を精査し，おかしい点があれば細かく設定を変更しながら繰り返し計算を実行することが重要です。

次に，溶解反応速度の時間変化とその取り扱いを解説します。地球化学モデリングでは，実験では取り扱うことのできない超長期の反応を再現することも可能です。例えば，CO_2 地中貯留の安全性評価のため，貯留層

内における CO_2 と水，岩石の反応を再現する研究事例が数多くありますが，これらの研究では数百年から場合によっては数万年に至る鉱物の溶解や沈殿反応が予測されています [45-48]。このようなときには，対象となる貯留層内の鉱物組成が大きく変動していくのはもちろんですが，その溶解反応速度の変化も考慮する必要があります。

鉱物の溶解速度は水との反応時間に伴って緩やかに低下していくことが知られています。原因としては，例えば長時間にわたる aging による活性化サイトの減少や，鉱物表面が他の鉱物等に覆われてしまうなどの影響が考えられます。White and Brantly(2003)[49] では，溶解速度の低下を定量化するため，多くの室内実験および野外における鉱物溶解速度の見積もりに関するデータをコンパイルすることで，室内実験と天然における反応速度が違う原因を検討するとともに，ケイ酸塩鉱物の平均的な溶解速度（化学的風化速度）を以下のように定義しました。

$$R = 3.1 \times 10^{-13} t^{-0.61} \tag{6.23}$$

ここで R はケイ酸塩鉱物の平均的な化学的風化速度 [mol m^{-2} s^{-1}]，t は反応開始からの経過時間 [year] です。式 (6.23) で重要なのは時間に対する変化率が記載されている点であり，$t^{-0.61}$ という変化率は溶解速度がおよそ 45 年で 10 分の 1 に低下することを示しています。もちろんこれが厳密に全てのケイ酸塩鉱物に適用されるわけではありませんが，時間変化の指標にはなります。数十年といった単位での反応予測をする場合には，反応速度の低下も十分に認識し，これをモデルに組み込む必要があることが分かります。

上記は，化学風化のような自然現象を対象とする場合の溶解速度低下でしたが，被覆による反応速度の低下が数日から数週間程度で確認されるような現場もあります。その代表例が酸性坑廃水の処理です。第 2 章で概説したように，酸性坑廃水は鉱山閉山後も排出され続けるため，現在も日本各地で坑廃水の処理が続けられています。前述のパッシブトリートメント（自然動力型）処理として多様な手法が検討されていますが，石灰石を敷き詰めた水路に酸性坑廃水を流下させることで pH を上昇させる開放型石灰石水路は，既に海外を中心に多くの実施例があります。

酸性坑廃水は石灰石の溶解反応によりpHが中和され，溶解していた金属元素は水酸化物や炭酸塩鉱物として沈殿除去されます。ここで問題になるのが，金属元素が石灰石表面に沈殿することで中和反応の効率が著しく低下することです。実地においては，中和殿物を除去するために一定期間ごとにフラッシングなどの手法がとられますが，どの程度の期間でフラッシングが必要になるかといった予測や，そのための水路設計にも，モデルによる予測は非常に重要です。

このような現象の本質は，石灰石反応表面積の減少によって説明されますので，沈殿物量（酸性坑廃水の組成と流量に依存）と反応比表面積の低下の関係性を定式化することでモデルに組み込むことが可能です。また，酸性坑廃水の組成や流量が安定しているケースでは，単純に比表面積が時間に対して減少していく速度を定義することで殿物による影響を仮定することもできます。この石灰石の溶解速度を用いた地球化学モデリングの研究例は，6.4 節で紹介します。

(2) 黄鉄鉱の酸化溶解速度式

黄鉄鉱は溶解度積が非常に小さい硫化物ですが，溶液中で酸素と反応することで酸化と溶解が同時に生じる酸化溶解反応 (oxidative dissolution) によって分解します。これは，前述の酸性坑廃水の発生機構や，その他の地球表層における物質循環に重要な役割を果たしている反応であると考えられています。この反応式は以下の 3 段階のプロセスによって説明されます。

$$FeS_2 + \frac{7}{2}O_2 + H_2O \rightarrow Fe^{2+} + 2SO_4{}^{2-} + 2H^+ \tag{6.24}$$

$$Fe^{2+} + \frac{1}{4}O_2 + H^+ \rightarrow Fe^{3+} + \frac{1}{2}H_2O \tag{6.25}$$

$$FeS_2 + 14Fe^{3+} + 8H_2O \rightarrow 15Fe^{2+} + 2SO_4{}^{2-} + 16H^+ \tag{6.26}$$

鉄の酸化速度すなわち Fe^{2+} の Fe^{3+} への酸化反応は，pHの上昇によって速度が上昇します（後述）。すなわち，pHが高いほど酸化剤となる Fe^{3+} が黄鉄鉱表面に多く存在することになるため，それに伴って黄鉄鉱の酸化速度も上昇すると考えられます。また，前述のように黄鉄鉱の反応には酸素を消費するので，反応速度式には pH すなわち $[H^+]$，[DO] が挿入されます。実際に Williamson & Rimstidt[50] がまとめた実験結果の解析により，$[H^+]$ および [DO] の次数は −0.11(±0.01)，0.5(±0.04) と決定されています。また，Williamson & Rimstidt は H^+ と DO 以外の物質（$SO_4{}^{2-}$ や Cl^-）の反応速度への影響についても調査していますが，その物質濃度変化と反応速度の間には明確な相関関係は見られませんでした [50]。よって，黄鉄鉱酸化溶解の反応速度 R[mol L^{-1} s^{-1}] は以下のように表現されます。

$$R = 10^{-8.19}\frac{A_0}{V}[H^+]^{-0.11}[DO]^{0.5} \tag{6.27}$$

ここで注意すべきことは，反応速度定数 ($10^{-8.19}$) および $[H^+]$ と [DO] の次数は実験的に求められたものであるという点です（速度論構築の際には質量作用の法則は成り立たない）。実際，粉末の黄鉄鉱 1 g(A_0=0.04 m^2 g^{-1}) を超純水 30 mL と最大 8 時間させ，pH および溶液中の Fe^{2+} 濃度の変化が再現できるかどうかを確認しました [51]。Fe^{2+} 濃度は徐々に Fe^{3+} に酸化され $Fe(OH)_3$ として沈殿するため，この反応モデルでは Fe^{2+} の酸化反応速度式も考慮しています。黄鉄鉱の酸化溶解反応が進むにつれ，pH が下がり Fe が溶出している様子が分かります。

この実験値は式 (6.27) で図 6.11 の実線のように再現することができます。ただし，溶液の組成によっては異なる反応速度定数や次数で示される可能性があることから，対象とする反応系に応じて実験を実施して，再度

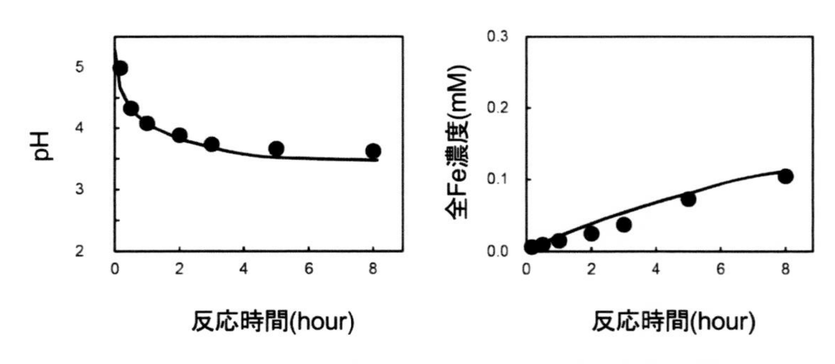

図 6.11　超純水系における黄鉄鉱反応速度モデル計算例

反応速度定数や次数を決定する必要があります。

(3) Fe^{2+} の酸化速度式

溶存酸素濃度の低い嫌気的な環境（例えば地下水や鉱山の酸性坑廃水）では，pH が低い場合 (<6)，溶存鉄は第一鉄イオン (Fe^{2+}) として安定です。しかし，好気的な条件（酸化還元電位が高くなる）に遷移すると，溶液中の Fe^{2+} は徐々に第二鉄イオン (Fe^{3+}) に酸化されます。この Fe^{3+} は強酸性条件下 (pH<1) では溶存態として存在しますが，pH2〜3 以上の条件では水酸化物 $Fe(OH)_3$(ferrihydrite) として沈殿します。この Fe^{2+} が Fe^{3+} に酸化される最も一般的な速度式は以下のように示されます [52]。

$$\frac{d\left[Fe^{2+}\right]}{dt} = -\left(k_1 + k_2\left[OH^-\right]^2 P_{O_2}\right)\left[Fe^{2+}\right] \tag{6.28}$$

ここで，$[Fe^{2+}]$ は溶液中の Fe^{2+} 濃度 [mol L^{-1}]，$[OH^-]$ は pH 値から算出される水酸化物イオン活量 [mol L^{-1}]，P_{O_2} は O_2 分圧 [atm] であり，k_1 および k_2 は反応速度定数です。この式は弱酸性 pH 条件 (5〜) において Fe^{2+} の酸化速度が水酸化物イオン量 (pH) の 2 乗に依存するという実験結果をもとに構築されており，反応速度定数はそれぞれ $k_1 = 2.91 \times 10^{-9}$ s^{-1}，$k_2 = 1.33 \times 10^{12}$ L mol^{-2} atm^{-1} s^{-1} となります。

この Fe^{2+} 酸化速度式は非生物反応系かつ酸化剤となる化学物質がほぼない条件を想定していますが，Fe^{2+} 酸化を促進する鉄酸化菌や酸化剤となる化学物質が含まれている場合は，上記のものとは異なる反応速度定数が得られると考えられます。その例として，酸性坑廃水中の鉄除去プロセスにおける鉄酸化菌の影響を評価した実験例を紹介します [53]。

鉄酸化細菌を含むスラッジを Fe^{2+} を含む酸性坑廃水中 (pH 3) に 5 w/v%，10 w/v% の濃度で投入して撹拌し，溶液中の Fe^{2+} 濃度をフェナントロリン法（溶存する Fe^{2+} のみを検出する方法）により測定しました。図 6.12 中のプロットは測定値で，測定値に合うように k_1 および k_2 の値を変化させ，実験値に最も合う酸化速度定数を算出しました（図中実線）。その結果，スラッジ添加量が 5 w/v% の場合 $k_1 = 3.91 \times 10^{-4}$，$k_2 = 1.33 \times 10^{12}$，10 w/v% の場合 $k_2 = 9.91 \times 110^{-4}$，$1.33 \times 10^{12}$ となりました。

k_2 の値は通常の空気酸化の値 ($k_2 = 1.33 \times 10^{12}$) と同じですが，これは前述のように k_2 の項の反応が弱酸性 pH 条件 (5〜) において促進されるためだと考えられます。また，k_1 値は通常の空気酸化の値 ($k_1 = 2.91 \times 10^{-9}$) に比べて 5 桁ほど大きくなり，スラッジの濃度が高いと酸化速度定数が大きくなることが分かります。単純な空気酸化の場合（点線）に比べて，スラッジを投入した反応系では鉄酸化速度が著しく大きくなることから，スラッジ中に含まれる鉄酸化細菌が坑廃水中の鉄酸化を大幅に促進されたと考えられます。このように，それぞれの反応系に特有の反応速度定数を求める方法に加え，反応速度式に菌量や増殖速度などの項を設けて表現する方法もあります。

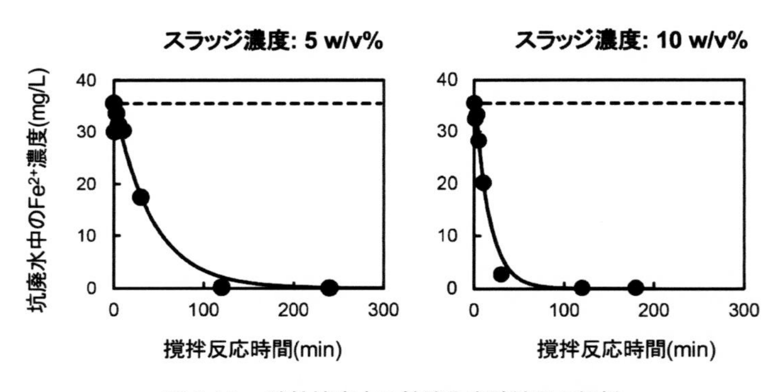

図 6.12　酸性坑廃水の鉄酸化実験結果の解析

(4) Mn^{2+} の酸化速度式

Mn も Fe の場合と同様に，溶存酸素濃度の低い嫌気的な環境では，Mn^{2+} として安定です。Mn^{2+} の酸化速度式は Fe^{2+} とは異なり，以下のような式で表現されます [54]。

$$\frac{d\left[\mathrm{Mn}^{2+}\right]}{dt} = -\Big(k_1\left[\mathrm{Mn}^{2+}\right][\mathrm{OH}^-]^2 P_{\mathrm{O}_2} + k_2\left[\mathrm{Mn}^{2+}\right][\mathrm{OH}^-]^2 P_{\mathrm{O}_2}[\mathrm{MnO}_2]\Big) \tag{6.29}$$

ここで，$[Mn^{2+}]$ は溶液中の Mn^{2+} 濃度 [mol L]，$[OH^-]$ は pH 値から

算出される水酸化物イオン活量 [mol L], P_{O_2} は O_2 分圧 [atm] です。また，k_1 および k_2 は反応速度定数であり，実験より $k_1 = 4.63 \times 10^8$ mol^{-3} L^{-3} s^{-1}，$k_2 = 1.16 \times 10^{13}$ mol^{-4} L^{-4} s^{-1} となります。

特に注目すべき点は，酸化反応速度式に二酸化マンガン量 [MnO_2][mol] の項が組み込まれていることです。これは Mn^{2+} が酸化する反応において MnO_2 などの酸化マンガンの自己触媒反応 (autocatalysis) を考慮する必要があるためです [54]。Mn^{2+} が Mn^{3+} に酸化されることで生成するオキシマンガン酸化物（β-MnOOH や γ-MnOOH）は，Mn^{2+} を含む様々な金属イオンとの反応性は大きくありませんが，6.3.2 項（2）で説明したように MnO_2，特にバーネス鉱 (δ-MnO_2) は二価金属イオンに対する高い収着能を持つことから，Mn^{2+} は MnO_2 表面に吸着し，徐々に Mn^{2+} の酸化が進むという現象が報告されています [35,36]。Mn^{2+} の場合は Fe^{2+} とは異なり，この自己触媒反応の影響が著しく大きいことから，酸化速度式には MnO_2 の量を考慮する必要があるということになります。

ここで坑廃水中の接触酸化槽を用いた Mn 除去に関する研究例を紹介します [55]。Mn^{2+} 濃度が 5.8 mg/L の坑廃水 (pH 9.6) を図 6.13（a）のような接触酸化槽に通水した結果，（b）のプロットのような深度分布で Mn^{2+} 濃度の減少が確認されました。接触酸化槽内には表面が Mn 酸化物で覆われている珪砂 (SiO_2) が敷き詰められており，Mn 酸化物が廃水中の Mn^{2+} 除去に関与した可能性が考えられます。

この反応機構を調べるために，まず珪砂表面に付着する Mn 酸化物を塩酸ヒドロキシルアミン溶液で還元抽出し，Mn 酸化物の量を測定しました。次に，Mn^{2+} と自己触媒反応を示す δ-MnO_2 の量を XAFS によって定量し，上記の反応速度式に組み込みました [55]。この研究例の反応では生物による酸化促進の影響は小さいと考えられるため，反応速度定数は文献値を使用しています。化学反応モデルの計算値と測定値を比較した結果，（c）のように坑廃水中の Mn の大部分が δ-MnO_2 との自己触媒反応によって除去されているという反応機構が明らかとなりました。簡易的には上記のモデルで表現できますが，反応条件によって Mn^{2+} と δ-MnO_2 の反応は表面錯体モデルによっても表現される可能性もあるため，試験系

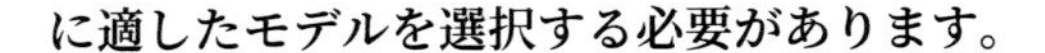
に適したモデルを選択する必要があります。

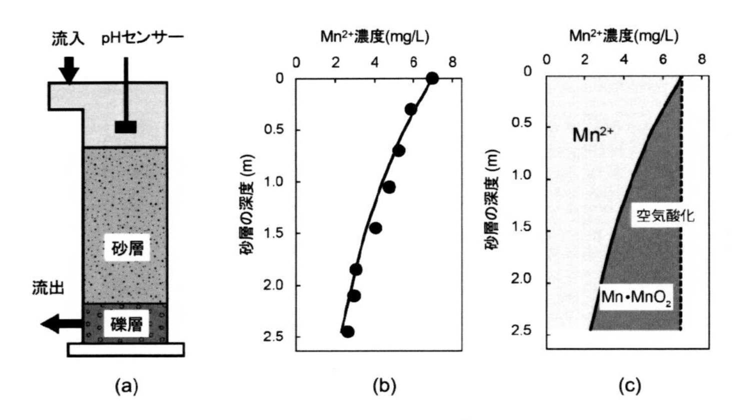

図 6.13　接触酸化槽による坑廃水中の Mn^{2+} 除去実験の解析 [55]

6.4　開放試験系における化学反応モデルの構築

ここまでは，閉鎖系における化学反応モデルを概説しました。閉鎖系の化学反応モデルは，室内実験における素反応の理解や，自然現象の近似的な再現による主要な反応プロセスの理解といった面では極めて有用なツールとなります。一方で，自然現象の多くは周囲の環境と物質のやり取りを行いながら進むため，これを地球化学モデリングにより再現するためには物質の移流や拡散を考慮する必要があります。このような移流や拡散までを考慮する化学反応モデルを開放系モデルと呼びます。本節では，開放型地球化学反応モデルで考慮される拡散方程式や境界条件について，最も基本的な 1 次元の反応移送解析を例に解説します。

ある物質の移動を記述する際，移流と拡散は分けて考える必要があります。移流とは，大気や海水といった媒体中の物質（溶解している元素など）や温度，圧力，エネルギーを含む物理量が媒体の流れによって運ばれることです。一方で拡散とは，上記のような物理量がランダムに散らばり均一化していくことを指します。ある場所 x，時間 t におけるにおける物理量を $u(x,t)$ とし，移動速度を c とすると，1 次元の移流方程式は以下のように表されます。

$$\frac{\partial u(x,t)}{\partial t} = -c\frac{\partial u(x,t)}{\partial x} \tag{6.30}$$

上記方程式は解析的に以下のように解を求めることができ，任意の関数（ここでは f とします）を用いて以下のように表すことができます。なお，関数 f は初期条件より求められます。

$$u(x,t) = f(x-ct) \tag{6.31}$$

同様に 1 次元空間における上記の物理量 $u(x,t)$ の拡散方程式を考えてみます。拡散はランダムに発生するものと考え，物理量 u が隣接する格子 $(x-\Delta x,\ x+\Delta x)$ に等確率で移動するとともに，隣接する格子からは物質量が移動してきます。これを定式化すると以下のように表されます。

$$u(x,t+\Delta t) = \frac{1}{2}u(x-\Delta x,t) + \frac{1}{2}u(x+\Delta x,t) \tag{6.32}$$

式 (6.32) を整理することで以下の 1 次元拡散方程式が得られます。

$$\frac{\partial u(x,t)}{\partial t} = D\frac{\partial^2 u(x,t)}{\partial x^2} \tag{6.33}$$

ここで，D は拡散係数 [$m^2\ s^{-1}$] と呼ばれ，以下で表されます。

$$D = \frac{(\Delta x)^2}{2\Delta t} \tag{6.34}$$

拡散係数が定数であるとき，定常解 φ は以下のように求められます。ただし，A および B は境界条件から求まる定数です。

$$\varphi(x) = Ar + B \tag{6.35}$$

さらに上記より，移流と拡散の両方を考慮する移流拡散方程式は，以下のように表されます。

$$\frac{\partial u(x,t)}{\partial t} + c\frac{\partial u(x,t)}{\partial x} = D\frac{\partial^2 u(x,t)}{\partial x^2} \tag{6.36}$$

上記のように，移流や拡散は厳密に定式化することができ，これは多くの地球化学モデルでも用いられています。現在，汎用的に用いられている地球化学モデルでは，基本的に2次元，モデルによっては3次元の移流拡散までを再現することが可能です。

地球化学モデルにおいて移流拡散の再現を行うには，流体の移流速度を設定するとともに，各成分の拡散係数を設定する必要があります。また，浸透流のようなポテンシャル流れを再現する場合には，移流速度ではなく水頭差や透水係数を設定する必要があります。移流については適切に境界条件を設定する必要があり，基本的には流入および流出するフラックスやその組成の取り扱いが該当します。

このような移流拡散を再現するにあたり注意すべきことは，格子（モデルによりグリッドやセルとも呼ばれる）の設定です。移流拡散の再現には基準となる格子サイズを設定し，再現対象となる領域をある程度細かく分割する必要があります。より正確に現象を再現するためには，格子を細かく切り，時間ステップもより細かく設定することが望ましいのは明らかですが，化学反応を伴うような反応再現では計算負荷が大変大きくなるため，反応を正しく再現し得る範囲でより少ない格子数を設定する必要があります。要求されるモデルの分解能や許容される計算負荷はケースにより異なりますので，一概にこのような数字を設定すればよいという目安はありませんが，まずはより簡易的なモデルを作成し徐々に複雑化させていくことが望ましいと考えられます。

最後に，移流を考慮した開放系モデル計算の実例を示します。先述した通り，パッシブトリートメントの一手法として石灰石などの中和剤を充填した水路に酸性坑廃水を流下させる手法があります。水路の設計にあたっては，中和剤の充填率や水量の変化に対してどの程度処理効率が変化するかを正確に予測する必要があります。そこで，本章で解説した溶解反応や沈殿生成に関する反応速度論を組み入れ，このような中和水路を用いた際の坑廃水処理予測を実施しました [56]。このとき，水路は前段 12 m に石灰石，後段 6 m に強アルカリの環境浄化剤である PAdeCS（日本コンクリート工業株式会社）を用いることとし，それぞれの充填率は 50%, 10% としました。また，水路サイズは幅 1 m，深さ 0.5 m，坑廃水の流量は 1.2 m^3/hour と設定しました。

中和剤構成鉱物の溶解速度は式 (6.21) および (6.22) に従うとし，閉鎖系の室内試験結果から各構成鉱物の反応比表面積を算出しました。モデル化にあたっては，上記の水路を 1 m ごとの計 18 のセルに分割しました。計算の一例を図 6.14 および図 6.15 に示します。図 6.14 には，時間経過に伴う坑廃水 pH の変動を示しています。横軸には水路入口からの距離を示してあり，0～12 m が石灰石，12～18 m（網掛け背景）が PAdeCS 水路を示しています。また，図 6.15 には検討対象とした有害金属元素の濃度分布（3 時間後）を示しており，縦軸の 1 の値が排水基準値を意味しています。

図 6.14，図 6.15 から明らかなように，水路を進むにしたがって坑廃水の pH が上昇し，最終的には Cd，Cu，Pb，Zn の全てが排水基準値を下回ることが分かります。今回は 18 のセルに分割して検討を行いましたが，一部の有害金属元素濃度を見ると PAdeCS 水路入口で急激に低減していることが分かります。本検討においてはセルをさらに細かく区切ってもその変動に大差がないことを確認していますが，このように 1 セルの移動で数値が大きく変動する場合にはセル数を増やす必要があることがありますので注意が必要です。

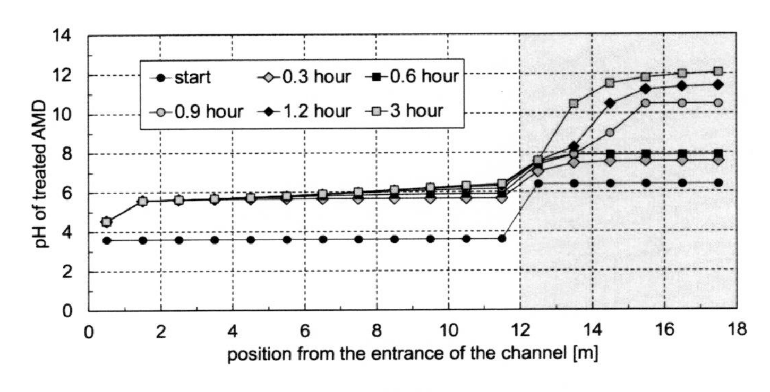

図 6.14　中和型水路による酸性坑廃水の pH 挙動予測 [56]

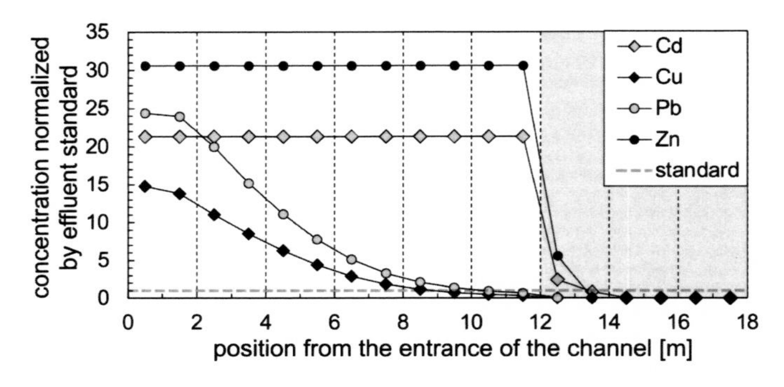

図 6.15　中和型水路による酸性坑廃水の有害金属元素挙動予測 [56]

参考文献

[1] Robie, R. A., Waldbaum, D. R. : *Thermodynamic properties of minerals and related substances at 298.15K(25.0 ℃) and one atmosphere (1.013 bars) pressure and at higher temperatures*, US Government Printing Office（1968）.

[2] Robie, R. A., Hemingway, B. S. : *Thermodynamic properties of minerals and related substances at 298.15 K and 1 bar (105 Pascals) pressure and at higher temperatures*, US Government Printing Office（1995）.

[3] Robie, R. A., Hemingway, B. S., Fisher, J. R. : *Thermodynamic properties of minerals and related substances at 298.15 k and 1 bar (10^5 pascals) pressure and at higher temperatures*, Geological Survey, Washington, DC（USA）（1978）.

[4] Helgeson, H. C. : Evaluation of irreversible reactions in geochemical processes involving minerals and aqueous solutions—I. Thermodynamic relations, *Geochimica et Cosmochimica Acta*, Vol.32, No.8, pp.853-877（1968）.

[5] Helgeson, H. C., Garrels R. M., MacKenzie F. T. : Evaluation of irreversible reactions in geochemical processes involving minerals and aqueous solutions—II. Applications, *Geochimica et Cosmochimica Acta*, Vol.33, No.4, pp.455-481（1969）.

[6] Helgeson, H. C. : Summary and critique of the thermodynamic properties of rock-forming minerals, *American Journal of Science*, Vol.278, pp.1-229（1978）.

[7] Helgeson, H. C., Kirkham, D. H., Flowers, G. C. : Theoretical prediction of the thermodynamic behavior of aqueous electrolytes by high pressures and temperatures; IV, Calculation of activity coefficients, osmotic coefficients, and apparent molal and standard and relative partial molal properties to 600 degrees C and 5kb, *American journal of science*, Vol.281, No.10, pp.1249-1516（1981）.

[8] Berman, R. G.: Internally-consistent thermodynamic data for minerals in the system Na_2O-K_2O-CaO-MgO-FeO-Fe_2O_3-Al_2O_3-SiO_2-TiO_2-H_2O-CO_2, *Journal of petrology*, Vol.29, No.2, pp.445-522 (1988) .

[9] Parkhurst, D. L., Thorstenson, D. C., Plummer, L. N. : PHREEQE: *A computer program for geochemical calculations* (Vol.80) , US Geological Survey, Water Resources Division (1982) .

[10] Wolery, T. J., Jackson, K. J., Bourcier, W. L., Bruton, C. J., Viani, B. E., Knauss, K. G., Delany, J. M. : Current status of the EQ3/6 software package for geochemical modeling (1990) .

[11] Allison, J. D., Brown, D. S., Novo-Gradac, K. J. : *MINTEQA2/PRODEFA2, a geochemical assessment model for environmental systems: version 3.0 user's manual*, Environmental Research Laboratory, Office of Research and Development, US Environmental Protection Agency (1991) .

[12] Ball, J. W., Nordstrom, D. K., *User's manual for WATEO4F, with revised thermodynamic data base and test cases for calculating speciation of major, trace, and redox elements in natural waters* (1991) .

[13] Johnson, J. W., Oelkers, E. H., Helgeson, H. C. : SUPCRT92: A software package for calculating the standard molal thermodynamic properties of minerals, gases, aqueous species, and reactions from 1 to 5000 bar and 0 to 1000 C, *Computers & Geosciences*, Vol.18, No.7, pp.899-947 (1992) .

[14] Parkhurst, D. L., Appelo, C. A. J.: User's guide to PHREEQC (Version 2): A computer program for speciation, batch-reaction, one-dimensional transport, and inverse geochemical calculations, *Water-resources investigations report*, Vol.99, No.4259, pp.312 (1992) .

[15] Parkhurst, D. L., Appelo, C. A. J. : Description of input and examples for PHREEQC version 3—a computer program for speciation, batch-reaction, one-dimensional transport, and inverse geochemical calculations, *US geological survey techniques and methods*, Vol.6, No.A43, p.497 (2013) .

[16] Bowers, T. S., Jackson, K. J., Helgeson, H. C. : *Equilibrium activity diagrams: for coexisting minerals and aqueous solutions at pressures and temperatures to 5 kb and 600 ℃*, Springer Science & Business Media (2012) .

[17] Blanc P., Lassin A., Piantone P., Azaroual M., Jacquemet N., Fabbri A., Gaucher E. C. : Thermoddem: A geochemical database focused on low temperature water/rock interactions and waste materials, *Applied Geochemistry*, Vol.27, No.10, pp.2107-2116 (2012) .

[18] Dzombak, D. A., Morel, F. M. : *Surface complexation modeling: hydrous ferric oxide*, John Wiley & Sons (1991) .

[19] Goldberg, S, Johnston, C. T. : Mechanisms of arsenic adsorption on amorphous oxides evaluated using macroscopic measurements, vibrational spectroscopy, and surface complexation modeling, *Journal of colloid and Interface Science*, Vol.234, No.1, pp.204-216 (2001) .

[20] Zhao, W., Tan, W., Wang, M., Xiong, J., Liu, F., Weng, L., Koopal, L. K.：CD-MUSIC-EDL modeling of Pb^{2+} adsorption on birnessite: role of vacant and edge sites, *Environmental Science & Technology*, Vol.52, No.18, pp.10522-10531（2018）.

[21] Li, Y., Zhao, X., Wu, J., Gu, X.：Surface complexation modeling of divalent metal cation adsorption on birnessite, *Chemical Geology*, Vol.551, No.119774（2020）.

[22] 北村暁：地層処分システムの性能を評価するための熱力学データベースの整備 OECD/NEA の TDB プロジェクトと国内外の整備状況，『日本原子力学会誌 ATOMOΣ』, Vol.62, No.1, pp.23-28（2020）.

[23] U.S. Environmental Protection Agency：*MINTEQA2/PRODEFA2, A geochemical assessment model for environmental systems—User manual supplement for version 4.0*, Athens, Georgia, National Exposure Research Laboratory, Ecosystems Research Division, p.76（1998）.

[24] Allison, J. D., Brown, D. S., Novo-Gradac, K. J.：*MINTEQA2/PRODEFA2—A geochemical assessment model for environmental systems—Version 3.0 user's manual*, Athens, Georgia, Environmental Research Laboratory, Office of Research and Development, U.S. Environmental Protection Agency, p.106（1991）.

[25] 穂刈利之：鉱物・水反応を考慮した地球化学的平衡解析による原位置地下水水質推定手法の開発，2017 年東京大学博士論文，p.150（2017）.

[26] 北村暁，『JAEA-Data/Code 2018-018』，JAEA（2019）.

[27] 淵田茂司，田嶋翔太，所千晴：δ-MnO_2 吸着剤および NaClO 酸化剤を用いた高濃度 Mn・Zn を含む酸性坑廃水の最適処理方法の検討，『J. MMIJ』，準備中.

[28] 淵田茂司，田嶋翔太，所千晴：マンガンオキシ水酸化物（γ-MnOOH）に対するカドミウム表面錯体モデルの構築と酸性坑廃水中和モデルへの応用，『環境資源工学会誌』，Vol.67, pp.171-121（2021）.

[29] 所千晴：『初心者のための PHREEQC による反応解析入門』，R&D 支援センター（2016）.

[30] Stumn, W., Morgan, J.：*Aquatic Chemistry: Chemical Equilibria and Rates in Natural Waters*, Wiley-Interscience（1996）.

[31] Qin, Z., Liu, F., Lan, S., Li, W., Yin, H., Zheng, L., Zhang, Q.：Effect of γ-manganite particle size on Zn^{2+} coordination environment during adsorption and desorption, *Applied Clay Science*, Vo.168, pp.68-76, 2019.

[32] Ramstedt M., Andersson B. M., Shchukarev A., Sjöberg S.：Surface properties of hydrous manganite (γ-MnOOH). A Potentiometric, Electroacoustic, and X-ray Photoelectron Spectroscopy Study, *Langmuir*, Vol.20, pp.8224-8229（2004）.

[33] Tsuchiya, K., Fuchida, S., Tokoro, C.：Experimental study and surface complexation modeling of fluoride removal by magnesium hydroxide in adsorption and coprecipitation processes, *Journal of Environmental Chemical Engineering*, Vol.8, No.6, 104514（2020）.

[34] Davis, J. A.：*Adsorption of Trace Metals and Complexing Ligands at the Oxide/water*

Interface, Stanford University（1977）.

[35] Goldich, S .S.：A study in rock-weathering, *The Journal of Geology*, Vol.46, No.1, pp.17-58（1938）.

[36] Luce, R. W., Bartlett, R. W., Parks, G. A.：Dissolution kinetics of magnesium silicates, Geochimica et Cosmochimica Acta, Vol.36, No.1, pp.35-50（1972）.

[37] Holdren, Jr G. R., Berner, R. A.：Mechanism of feldspar weathering—I. Experimental studies, *Geochimica et Cosmochimica Acta*, Vol.43, No.8, pp.1161-1171（1979）.

[38] Berner, R. A., Holdren, Jr G. R.：Mechanism of feldspar weathering—II. Observations of feldspars from soils, *Geochimica et Cosmochimica Acta*, Vol.43, No.8, pp.1173-1186（1979）.

[39] Brady, P. V., Walther, J. V.：Kinetics of quartz dissolution at low temperatures, *Chemical geology*, Vol.82, pp.253-264（1990）.

[40] Oelkers E.H., Schott J., Devidal J. L.：The effect of aluminum, pH, and chemical affinity on the rates of aluminosilicate dissolution reactions, *Geochimica et Cosmochimica Acta*, Vol.58, No.9, pp.2011-2024（1994）.

[41] Lasaga, A. C., Soler, J. M., Ganor, J., Burch, T. E., Nagy, K. L.：Chemical weathering rate laws and global geochemical cycles, *Geochimica et Cosmochimica Acta*, Vol.58, No.10, pp.2361-2386（1994）.

[42] Palandri, J. L., Kharaka, Y. K.：*A compilation of rate parameters of water-mineral interaction kinetics for application to geochemical modeling*, Geological Survey Menlo Park CA（2004）.

[43] 村松淳司，蟹江澄志，中谷昌史，佐々木隆史：単分散金属酸化物ナノ粒子の基礎と最先端デバイスへの応用，『色材協会誌』，Vol.82，No.8，pp.363-370（2009）.

[44] Shiraki, R., Brantley, S. L.：Kinetics of near-equilibrium calcite precipitation at 100 C: An evaluation of elementary reaction-based and affinity-based rate laws, *Geochimica et Cosmochimica Acta*, Vol.59, No.8, pp.1457-1471（1995）.

[45] Gunter, W. D., Wiwehar, B., Perkins, E. H.：Aquifer disposal of CO_2-rich greenhouse gases: extension of the time scale of experiment for CO_2-sequestering reactions by geochemical modelling, *Mineralogy and petrology*, Vol.59, No.1, pp.121-140（1997）.

[46] Xu, T., Apps, J. A., Pruess, K.：Numerical simulation of CO_2 disposal by mineral trapping in deep aquifers, *Applied Geochemistry*, Vol.19, No.6, pp.917-936（2004）.

[47] Gaus, I., Audigane, P., André, L., Lions, J., Jacquemet, N., Durst, P., Czernichowski-Lauriol, I., Azaroual, M.：Geochemical and solute transport modelling for CO_2 storage, what to expect from it?, *International Journal of Greenhouse Gas Control*, Vol.2, No.4, pp.605-625（2008）.

[48] Cantucci, B., Montegrossi, G., Vaselli, O., Tassi, F., Quattrocchi, F., Perkins, W. H.：Geochemical modeling of CO_2 storage in deep reservoirs: The Weyburn Project (Canada) case study, *Chemical Geology*, Vol.265, No.1-2, pp.181-197（2009）.

[49] White, A. F., Brantley, S. L.：The effect of time on the weathering of silicate minerals: why do weathering rates differ in the laboratory and field?, *Chemical Geology*, Vol.202, No.3-4, pp.479-506（2003）.

[50] Williamson, M. A., Rimstidt, J. D.：The kinetics and electrochemical rate-determing step of aqeous pyrite oxidation, *Geochimica et Cosmochimica Acta*, Vol.58, No.24, pp.5443-5454（1994）.

[51] 独立行政法人石油天然ガス・金属鉱物資源機構（JOGMEC）：『平成 31 年度休廃止鉱山における坑廃水処理の高度化調査研究事業報告書』（2020）.

[52] Singer, P. C., Stumm, W.：Acidic Mine Drainage: The Rate-Determining Step, *Science*, Vol.167, No.3921, pp.1121-1123（1969）.

[53] 門倉正和，鈴木滉平，加藤達也，淵田茂司，Widyawanto P.，正木悠聖，林健太郎，濱井昂弥，所千晴：酸性坑廃水を対象とした鉄酸化槽における鉄酸化および沈殿挙動の機構解明および定量モデル化，『資源・素材学会 2019 秋季大会予稿集』，2K0801-12-06（2019）.

[54] Diem, D., Stumm, W.：Is dissolved Mn^{2+} being oxidized by O_2 in absence of Mn-bacteria or surface catalysts?, *Geochimica et Cosmochimica Acta*, Vol.48, pp.1571-1573（1984）.

[55] Fuchida, S., Tajima, S., Nishimura, T., Tokoro, C.：Kinetic modeling and mechanisms of manganese removal from alkaline mine water using a pilot scale column reactor, *Minerals*, Vol.12, p.99（2022）.

[56] 髙谷雄太郎，淵田茂司，濱井昂弥，堀内健吾，正木悠聖，所千晴：開放型石灰路-アルカリ路による酸性坑廃水の処理予測とパッシブトリートメント導入に向けた示唆，『Journal of MMIJ』，Vol.138，pp.19-27（2022）.

付録

A.1　COMSOL Multiphysicsのチュートリアル

ここでは本書の「3.4　金属接着分離技術への活用事例」で紹介されているシミュレーション内容をチュートリアルの形で説明します。本シミュレーションではCOMSOL Multiphysics Ver. 5.6を使用しました。

A.1.1　ノッチなし接着体（3D，高さ変化）

Model

1. COMSOL Multiphysicsを起動して**モデルヴィザード**を選択し，空間次元選択から**3D**をクリック
2. フィジックス選択から，**AC/DC→ 電場および電流 → 電流**を選択
3. 追加をクリック
4. スタディをクリック
5. スタディ選択から，**一般スタディ → 定常**を選択
6. 完了をクリック

Parameter

1. モデルビルダーウィンドウからグローバル定義 → パラメータを選択
2. 名前：l，式：0.2と記入

Geometry

1. モデルビルダーウィンドウからジオメトリを選択し，単位 → 長さ単位をmmに変更
2. ツールバーのジオメトリから**ブロック**を選択（ブロック1，負極板）
3. サイズおよび形状を幅30，奥行25，高さ0.5 (mm) と入力
4. 位置を (x, y, z) = (5, 0, 0) とそれぞれ入力
5. ツールバーのジオメトリから**ブロック**を選択（ブロック2，正極板）
6. サイズおよび形状を幅30，奥行25，高さ0.5 (mm) と入力
7. 位置は (x, y, z) = (0, 0, 0.5+l) とそれぞれ入力
8. ツールバーのジオメトリから**ブロック**を選択（ブロック3，接着剤）
9. サイズおよび形状を幅25，奥行25，高さl (mm) と入力

10. 位置は (x, y, z) = (5, 0, 0.5) とそれぞれ入力
11. ツールバーのジオメトリから**ブロック**を選択（ブロック 4，周囲）
12. サイズおよび形状を幅 35，奥行 35，高さ 5+l (mm) と入力
13. 位置は (x, y, z) = (0, -5, -2) とそれぞれ入力

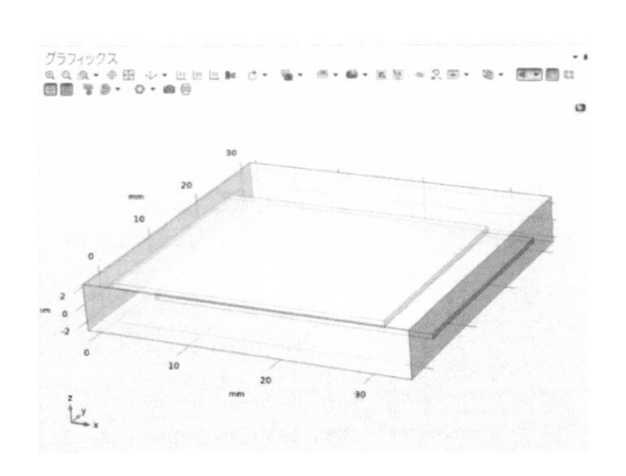

図 A.1　ノッチなし接着体のモデル図

Materials

1. ツールバーの材料から材料追加を選択
2. 追加ウィンドウから**標準 →Air** を選択し，ダブルクリックして追加
3. 材料追加ウィンドウから**標準 →Iron** を選択，ダブルクリックして追加
4. 材料追加ウィンドウの検索ボックスに **epoxy** と入力して検索
5. 材料ライブラリ中の Epoxies→Filled epoxy resin から **Filled epoxy resin（X238）** を選択，ダブルクリックして追加
6. モデルビルダーウィンドウから材料 →Air を選択し，導電率を **5E-15** (S/m) に変更
   ※導電率を持たないと電界分布がうまく表示されない
7. モデルビルダーウィンドウから材料 →Filled epoxy resin(X238) を選択
8. 材料追加ウィンドウ右上の × をクリックし，ウィンドウを閉じる

9. モデルビルダーウィンドウからコンポーネント 1→ 定義 → ビューを選択し、右クリック
10. フィジックスで非表示を選択
    ※この操作をして外側のジオメトリを一部消しておくと後の選択操作がしやすい
11. グラフィックスウィンドウから 1（空気領域）選択
    ※ホーム → ウィンドウ → 選択リストから，選択リストを表示させて選択してもよい
12. モデルビルダーウィンドウから材料 →Filled epoxy resin(x238) を選択し，ジオメトリ選択の選択を有効化し，選択リストまたはグラフィックスから（ドメイン）4 を選択
13. ここで，Filled epoxy resin(X238) の比誘電率を **4**，導電率を **1/(3*10^13)** (S/m) に変更
    ※実験に使用した接着剤 EP138 のカタログ値に基づく
14. 同様に Iron は（ドメイン）2,3 を，Air は（ドメイン）1（操作 10.～11. で非表示）を選択

Electric currents

1. ツールバーからフィジックス → **ドメイン** → **端子**を選択
2. モデルビルダーウィンドウから電流 → 端子を選択
3. ドメイン選択で（ドメイン）2 を選択（正極板）
4. 端子 → 端子タイプは電圧とし，電圧 V_0 = 5000 (V) と入力
5. ツールバーからフィジックス → **境界** → **接地**を選択
6. モデルビルダーウィンドウから電流 → 接地を選択
7. 境界選択で（境界）11，12，13，16，18，21 を選択（負極板の周囲）
8. モデルビルダーウィンドウから電流 → 電気絶縁を選択
9. 選択が空気と外部の境界以外は適用不可になっていることを確認

Mesh

1. ツールバーからメッシュ → **フリーメッシュ 4 面体**を選択
2. モデルビルダーウィンドウからメッシュ → フリーメッシュ 4 面体を

選択

3. ツールバーからメッシュ → 属性の普通▼を展開 → **極めて細かい**を選択
4. モデルビルダーウィンドウからメッシュ → フリーメッシュ 4 面体 → サイズを選択
5. ジオメトリエンティティーレベルをドメインに切り替え，ジオメトリ選択で（ドメイン）4 を選択
6. 要素サイズをカスタムに変更し，最大要素成長率にチェックを入れ，値を 1.1 とする
7. ツールバーから分布を選択
8. モデルビルダーウィンドウから分布を選択し，エッジ選択で 20，27，30，36 を選択（接着剤の端部境界）
9. 分割数を 1*100 とする
10. ツールバーからメッシュ → **フリーメッシュ 4 面体**を選択
11. モデルビルダーウィンドウからメッシュ → フリーメッシュ 4 面体を選択
12. ツールバーからメッシュ → 属性の普通▼を展開 → **細かい**を選択
13. モデルビルダーウィンドウからメッシュ → フリーメッシュ 4 面体 → サイズを選択
14. ジオメトリエンティティーレベルをドメインに切り替え，ジオメトリ選択で（ドメイン）2，3 を選択
15. ツールバーから分布を選択
16. モデルビルダーウィンドウから分布を選択し，エッジ選択で 17，25，33，38 を選択（接着剤側の正極板・負極板端部）
17. 分割数を 50 とする
18. ツールバーからメッシュ → **フリーメッシュ 4 面体**を選択
19. モデルビルダーウィンドウからメッシュ → フリーメッシュ 4 面体を選択
20. ドメイン選択でジオメトリエンティティーレベルを残りの領域とする
21. 全てを作成をクリックしてメッシュを作成
    ※メッシュは上から順に作成されるので，最も細かい領域（基準とす

る解析したい範囲）を上にする。メッシュの順番はドラッグすることで移動可能。

Study

1. ツールバーからスタディ → **パラメトリックスイープ**を選択
2. モデルビルダーウィンドウからスタディ → パラメトリックスイープを選択
3. スタディ設定のパラメータ名で1を選択
4. パラメータ値リストに0.21，0.2365，0.27，0.315，0.378，0.4725，0.63，0.945，1.89と入力
   ※今回はノッチ高さaが0.189 mmのときに$a/h = 0.1$〜1となるように接着厚さを設定
5. 計算をクリックし，スタディを開始
   ※エラーが出た場合は該当箇所を修正。メッシュの細かさなどによってもエラーや計算時間が変わる。スタディ設定のデフォルトプロット作成のチェックを外し，収束プロットのみ作成させるとエラーが出なくなることも。

Result

1. スタディ終了後，ツールバーから結果 → **カットプレーン**を選択
2. モデルビルダーウィンドウから結果 → データセット → カットプレーンを選択
3. データセットはスタディ 1/パラメトリック解 1 を選択
4. 平面データはYZ平面，X座標は30 mmと入力
5. プロットをクリックすると場所が表示される（今回は正極板端部の境界）
6. ツールバーから結果 →**2Dプロットグループ**を選択
7. モデルビルダーウィンドウから2Dプロットグループを選択し，ツールバーから2Dプロットグループ → **サーフェス**を選択
8. データセットはカットプレーンを選択
9. モデルビルダーウィンドウからサーフェスを選択し，式の右端にある

赤と緑の矢印をクリック

10. コンポーネント 1→ 電気 →**ec.normE** をダブルクリック
11. プロットをクリック
12. 必要に応じてグラフィックスウィンドウ中の拡大ボタンをクリックして拡大する
13. サーフェスを選択し，設定ウィンドウの範囲から任意のカラーバーの範囲を設定できる
14. ツールバーから結果 →1D プロットグループを選択
15. モデルビルダーウィンドウから 1D プロットグループを選択し，ツールバーの 1D プロットグループからポイントグラフを選択
16. 選択でポイント 16 を選択（正極板端部）
17. プロットをクリック
    ※接着厚さごとの正極板端部の電界強度がプロットされる
18. 同様に 1D プロットグラフ → ライングラフ → ライン 30 を選択 → プロットを実行すると，接着剤の厚さ方向の電界分布グラフが得られる

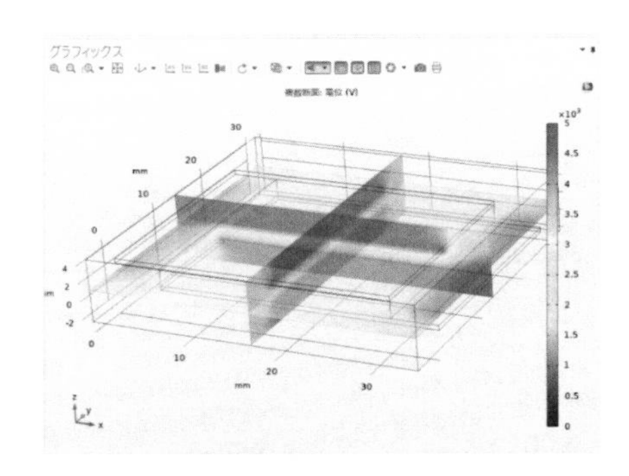

図 A.2　ノッチなし接着体の電位分布

Export

1. 1D プロットグループ → ポイントグラフを右クリック
2. エクスポートにプロットデータ追加を選択
3. 他のグラフも同様にエクスポート

4. エクスポート → プロット 1 を選択
5. 出力 → ファイルタイプはテキストを選択
6. データフォーマットはスプレッドシートを選択
7. ファイル名の参照をクリック
8. ファイル保存先とファイル名を入力し，ファイルの種類は csv を選択
9. エクスポートをクリック
10. モデルビルダーウィンドウの 2D プロットグループを選択
11. グラフィックス中の印刷ボタンを選択
12. フォントサイズや軸などの必要な情報を選択
13. ファイル名の参照から保存先を選択
14. 既定の設定からマニュアル（印刷）などを選択すると画像サイズを調整可能（論文用のサイズに変更可能）
15. OK をクリックし出力

図 A.3　画像のエクスポート設定画面

A.1.2 楕円体ノッチあり接着体（2D 軸回転，ノッチ周辺）

Model

1. **モデルヴィザード**を選択し，空間次元選択から **2D 軸対称**をクリック
2. フィジックス選択から，**AC/DC→ 電場および電流 → 電流**を選択
3. 追加をクリック
4. スタディをクリック
5. スタディ選択から，**一般スタディ → 定常**を選択
6. 完了をクリック

Parameter

1. モデルビルダーウィンドウからグローバル定義 → パラメータを選択
2. 名前：c，式：0.1，名前：a，式：0.18，名前：b，式：0.2 と記入 (c = a/b)

Geometry

1. モデルビルダーウィンドウからジオメトリを選択し，単位 → 長さ単位を mm に変更
2. ツールバーのジオメトリから**矩形**を選択（矩形 1，負極板）
3. サイズおよび形状を幅 10，高さ 0.5 (mm) と入力
4. 位置は r，z ともに 0
5. ツールバーのジオメトリから**矩形**を選択（矩形 2，正極板）
6. サイズおよび形状を幅 10，高さ 0.5 (mm) と入力
7. 位置は (r, z)=(0, 0.7) とそれぞれ入力
8. ツールバーのジオメトリから**楕円**を選択（楕円 1，ノッチ）
9. サイズおよび形状を a 半軸 **a/c**，b 半軸 **a** (mm)，中心角 **180** (deg) と入力
10. 位置は (r, z)=(0, 0.7) とそれぞれ入力
11. 回転角は 180(deg) と入力
12. ツールバーのジオメトリから**楕円**を選択（楕円 2，ノッチ切り取り領域）
13. サイズおよび形状を a 半軸 **a/c**，b 半軸 **a** (mm)，中心角 **90** (deg) と

入力

14. 位置は (r, z)=(0, 0.7) とそれぞれ入力
15. 回転角は 180 (deg) と入力
16. ツールバーのジオメトリからブーリアンおよび分割 → **差**を選択（差1，ノッチ切り取り領域）
17. 追加オブジェクトに e1，差オブジェクトに e2 を選択
18. ツールバーのジオメトリから**矩形**を選択（矩形 3，接着剤）
19. サイズおよび形状を幅 10，高さ 0.2 (mm) と入力
20. 位置は (r, z) = (0, 0.5) とそれぞれ入力
21. ツールバーのジオメトリからブーリアンおよび分割 → **和**を選択（和1，ノッチと正極板）
22. 入力オブジェクトに r2，dif1 を選択
23. ツールバーのジオメトリから**矩形**を選択（矩形 4，周囲の空気）
24. サイズおよび形状を幅 10，高さ 10 (mm) と入力
25. 位置は (r, z) = (0, -4.4) とそれぞれ入力

   ※ノッチ周辺を拡大したジオメトリのため，空気は上下領域のみで，側面は絶縁とした

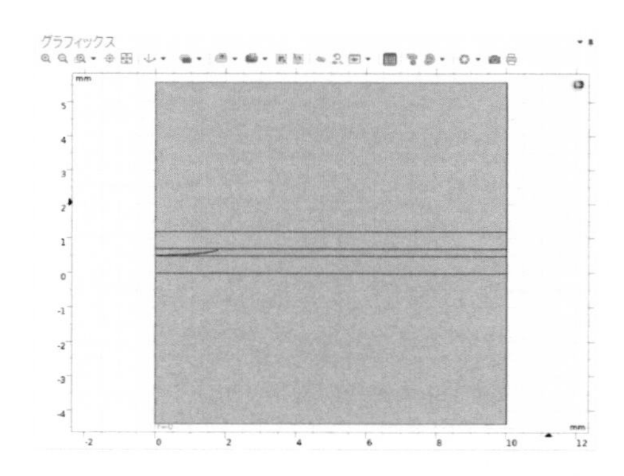

図 A.4　楕円体ノッチあり接着体の 2D 軸回転モデル図

Materials

ノッチなし接着体 (3D) の場合と同じように正極板，負極板は Iron，接着剤は Filled epoxy resin(X238)，周囲は Air とし，物性値を入力。

Electric currents

1. ツールバーからフィジックス → **境界** → **端子**を選択
2. モデルビルダーウィンドウから電流 → 端子を選択
3. 境界選択で（境界）11 を選択（正極板上部）
4. 端子 → 端子タイプは電圧とし，電圧 $V_0 = 5000$ (V) と入力
5. ツールバーからフィジックス → **境界** → **接地**を選択
6. モデルビルダーウィンドウから電流 → 接地を選択
7. 境界選択で（境界）4 を選択（負極板の下部）
8. モデルビルダーウィンドウから電流 → 電気絶縁を選択
9. 選択が空気と外部の境界になっていることを確認

Mesh

1. ツールバーからメッシュ → **フリーメッシュ 3 角形**を選択
2. モデルビルダーウィンドウからメッシュ → フリーメッシュ 3 角形を選択
3. ツールバーからメッシュ → 属性の普通▼を展開 → **極めて細かい**を選択
4. モデルビルダーウィンドウからメッシュ → フリーメッシュ 3 角形 → サイズを選択
5. ジオメトリ選択で（ドメイン）3 を選択（接着剤）
6. 要素サイズをカスタムに変更し，最大要素サイズ，最小要素サイズ，最大要素成長率にチェックを入れ，それぞれの値を 2E-3，2E-3，1 とする（メッシュサイズを 2 μm で固定とする）
7. ツールバーからメッシュ → **フリーメッシュ 3 角形**を選択
8. モデルビルダーウィンドウからメッシュ → フリーメッシュ 3 角形を選択
9. ツールバーからメッシュ → 属性の普通▼を展開 → **極めて細かい**を

選択
10. モデルビルダーウィンドウからメッシュ → フリーメッシュ 3 角形 → サイズを選択
11. ジオメトリ選択で（ドメイン）4 を選択（正極板ノッチ部分）
12. 要素サイズをカスタムに変更し，最大要素サイズ，最小要素サイズ，最大要素成長率にチェックを入れ，それぞれの値を 1E-2，2E-3，1.1 とする（メッシュサイズを 2 μm 以上 10 μm 未満とする）
13. ツールバーからメッシュ → **フリーメッシュ 3 角形**を選択
14. モデルビルダーウィンドウからメッシュ → フリーメッシュ 3 角形を選択
15. ツールバーからメッシュ → 属性の普通▼を展開 → **細かい**を選択
16. ドメイン選択でジオメトリエンティティーレベルを残りの領域とする
17. 全てを作成をクリックしてメッシュを作成
※メッシュは上から順に作成されるので，最も細かい領域（基準とする解析したい範囲）を上にする。メッシュの順番はドラッグすることで移動可能。

Study

1. ツールバーからスタディ → **パラメトリックスイープ**を選択
2. モデルビルダーウィンドウからスタディ → パラメトリックスイープを選択
3. スタディ設定のパラメータ名で c を選択
4. パラメータ値リストをクリックした後にスタディ設定下部の範囲を選択
5. 開始，刻み，終了にそれぞれ 0.1，0.1，1 と入力
※今回はノッチ高さ a とノッチ幅 b の比 c(= a/b) が 0.1～1 となるようにノッチ幅 b の値を変化するように設定
6. 計算をクリックし，スタディを開始

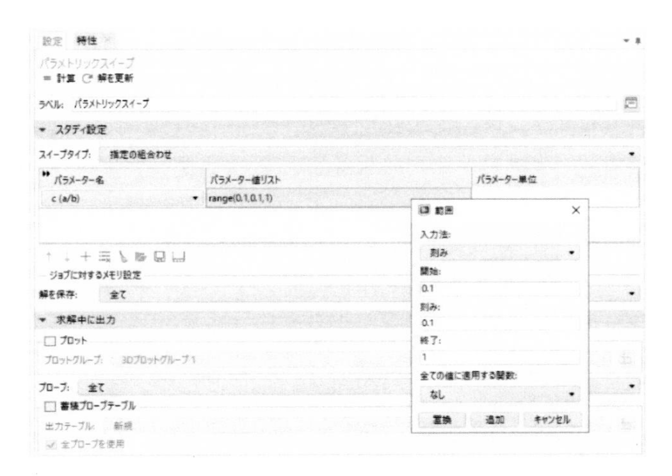

図 A.5　パラメトリックスイープの設定

Result

1. スタディ終了後，ツールバーから結果 → **カットプレーン**を選択
2. モデルビルダーウィンドウから結果 → データセット → カットプレーンを選択
3. データセットは回転 2D 1 を選択
   ※回転 2D 1 のデータセットがスタディ 1/パラメトリック解 1 となっていることを確認。回転 2D が表示されていなければ，ツールバーの結果 → その他のデータセット →2D データセット → 回転 2D を選択
4. 平面データは YZ 平面，X 座標は 0 mm と入力
5. プロットをクリックすると場所が表示される（今回は正極板端部の境界）
6. ツールバーから **2D プロットグループ**を選択
7. モデルビルダーウィンドウから 2D プロットグループを選択し，ツールバーから 2D プロットグループ → **サーフェス**を選択
8. データセットはカットプレーン 1 を選択
9. モデルビルダーウィンドウからサーフェスを選択し，式の右端にある

赤と緑の矢印をクリック

10. コンポーネント 1→ 電気 →**ec.normE-電場ノルム**を選択
11. プロットをクリック
12. 必要に応じてグラフィックスウィンドウ中のズームボックスをクリックして拡大する
13. 必要に応じてサーフェスを選択し，カラーレジェンドから任意のカラーバーの範囲を設定する
14. ツールバーから結果 →1D プロットグループを選択
15. モデルビルダーウィンドウから 1D プロットグループを選択し，ツールバーの 1D プロットグループからライングラフを選択
16. 選択でライン 5 を選択（ノッチ鋼板間の接着剤部）
17. y 軸データの右端にある赤と緑の矢印をクリック
18. コンポーネント 1→ 電気 →**ec.normE-電場ノルム**を選択
19. プロットをクリック
    ※接着厚さごとの正極板端部の電界強度がプロットされる
20. 同様に 1D プロットグラフ → ライングラフ → ライン 30 を選択 → プロットを実行すると，接着剤の厚さ方向の電界分布グラフが得られる

A.1.3　実試料ノッチあり接着体（2D 軸回転，ノッチ周辺）

Model

1. **モデルヴィザード**を選択し，空間次元選択から **2D 軸対称**をクリック
2. フィジックス選択から，**AC/DC**→ **電場および電流** → **電流**を選択
3. 追加をクリック
4. スタディをクリック
5. スタディ選択から，**一般スタディ** → **定常**を選択
6. 完了をクリック

Geometry

1. モデルビルダーウィンドウからジオメトリを選択し，単位 → 長さ単位を mm に変更
2. ツールバーのジオメトリから**矩形**を選択（矩形 1，正極板）

3.　サイズおよび形状を幅 10，高さ 0.5 (mm) と入力
4.　位置は (r, z) = (0, 0.2) と入力
5.　ツールバーのジオメトリから**その他の基本形状 → 補間曲線**を選択（補間曲線 1，ノッチ）
6.　データソース → テーブルに測定されたノッチ形状のプロットデータを貼り付け (r=0〜2 mm)

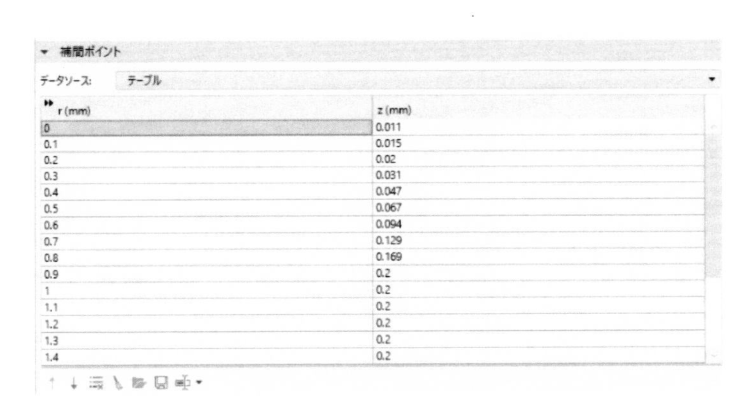

補間ポイント

データソース: テーブル

r (mm)	z (mm)
0	0.011
0.1	0.015
0.2	0.02
0.3	0.031
0.4	0.047
0.5	0.067
0.6	0.094
0.7	0.129
0.8	0.169
0.9	0.2
1	0.2
1.1	0.2
1.2	0.2
1.3	0.2
1.4	0.2

図 A.6　補間ポイントのデータ

7.　ツールバーのジオメトリから**その他の基本形状 → 線分**を選択
8.　開始点の指定から座標を選択し (r, z) = (0, 0.011) と入力
9.　終点の指定から座標を選択し (r, z) = (0, 0.2) と入力
10. ツールバーのジオメトリから**その他の基本形状 → 線分**を選択
11. 開始点の指定から座標を選択し (r, z) = (0,2) と入力
12. 終点の指定から座標を選択し (r, z) = (1, 0.2) と入力
13. ツールバーのジオメトリから**ブーリアンおよび分割 → 和**を選択
14. 入力オブジェクトに ic 1，ls 1，ls 2 を選択
15. ツールバーの**変換 → ソリッドに変換**を選択
16. uni1 を選択
17. ツールバーのジオメトリから**矩形**を選択（矩形 2，正極板中の消去領域）

18. サイズおよび形状を幅 1.1，高さ 0.1 (mm) と入力
19. 位置は (r, z) = (0, 0.2) とそれぞれ入力
20. ツールバーのジオメトリから**ブーリアンおよび分割** → **差**を選択
21. 追加オブジェクトに csol 1，差オブジェクトに r 2 を選択
22. ツールバーのジオメトリから**矩形**を選択（矩形 3，接着剤）
23. サイズおよび形状を幅 10，高さ 0.2 (mm) と入力
24. 位置を (r, z) = (0, 0) とそれぞれ入力
25. ツールバーのジオメトリから**矩形**を選択（矩形 4，負極板）
26. サイズおよび形状を幅 10，高さ 0.5 (mm) と入力
27. 位置は (r, z) = (0, -0.5) とそれぞれ入力
28. ツールバーのジオメトリから**ブーリアンおよび分割** → **差**を選択
29. 追加オブジェクトに r 3，差オブジェクトに dif 1 を選択
30. 5.～12. の操作を繰り返す（複数選択して右クリック → 複製でも可）
31. ツールバーのジオメトリから**ブーリアンおよび分割** → **和**を選択
32. 入力オブジェクトに ic 2，ls 3，ls 4 を選択
33. ツールバーの**変換** → **ソリッドに変換**を選択
34. uni 2 を選択
35. ツールバーのジオメトリから**矩形**を選択（正極板中の消去領域）
36. サイズおよび形状を幅 1.1，高さ 0.1 (mm) と入力
37. 位置は (r, z)=(0, 0.2) とそれぞれ入力
38. ツールバーのジオメトリから**ブーリアンおよび分割** → **差**を選択
39. 追加オブジェクトに csol 2，差オブジェクトに r 5 を選択
40. ツールバーのジオメトリから**ブーリアンおよび分割** → **和**を選択
41. 入力オブジェクトに r 1，dif 3 を選択
42. ツールバーのジオメトリから**矩形**を選択（空気）
43. サイズおよび形状を幅 10，高さ 10 (mm) と入力
44. 位置は (r, z)=(0, -4.9) とそれぞれ入力
45. 全オブジェクト作成をクリック

※以下の操作は「楕円体ノッチあり接着体（2D 軸回転）」と同じ

A.1.4 大気中金属球放電（2D 軸回転，実験での電流波形）

Model

1. **モデルヴィザード**を選択し，空間次元選択から **2D 軸対称**をクリック
2. フィジックス選択から，**伝熱** → **電磁加熱** → **ジュール発熱**を選択
3. 追加をクリック
4. スタディをクリック
5. スタディ選択から，**一般スタディ** → **時間依存**を選択
6. 完了をクリック

Parameter

1. モデルビルダーウィンドウからグローバル定義 → パラメータを選択
2. 以下の通り表に記入

名前	式
w0	310189[1/s]
v0	5.0[kV]
L	4.327[uH]
R0	0.0748[ohm]
T	10.128[us]

図 A.7 パラメータの設定

Component

1. ツールバーの定義から**解析的**を選択
2. モデルビルダーウィンドウのコンポーネント 1→ 定義 → 解析的を選択
3. 式に v0/w0/L*exp(-R0*t/2/L)*sin(w0*t) と入力
4. 関数名は an1 などとし，引数は t とする

Geometry

1. モデルビルダーウィンドウからジオメトリを選択し，単位 → 長さ単位を mm に変更

2. ツールバーのジオメトリから**矩形**を選択（矩形 1，負極板）
3. サイズおよび形状を幅 2.5，高さ 3 (mm) と入力
4. 位置は r，z ともに 0
5. ツールバーのジオメトリから**矩形**を選択（矩形 2，正極板）
6. サイズおよび形状を幅 2.5，高さ 3 (mm) と入力
7. 位置は (r, z) = (0, 3.3-0.001893) とそれぞれ入力
   ※直径 0.3 mm の球が接触半径 0.0238 mm を持つように高さを設定している。今回は x = 0.0009465 mm となる
8. ツールバーのジオメトリから**円**を選択（円 1，金属球）
9. サイズおよび形状を半径 0.15 (mm)，中心角 180 (deg) と入力
10. 位置は (r, z) = (0, 3.15-0.000947) とそれぞれ入力
11. 回転角を回転 270（deg）と入力
12. ツールバーのジオメトリから**矩形**を選択（矩形 3，接着剤）
13. サイズおよび形状を幅 2.5，高さ 0.3-0.001893 (mm) と入力
14. 位置は (r, z)=(0, 3) とそれぞれ入力
15. 全オブジェクト作成をクリック

Material

1. ツールバーの材料から材料追加を選択
2. 材料追加ウィンドウから**標準 →Air** を選択し，ダブルクリックして追加
3. 材料追加ウィンドウの検索ボックスに **440C** と入力して検索
4. 材料ライブラリ中の Iron Alloys→440C から **440C [solid，annealed]** を選択，ダブルクリックして追加 5. モデルビルダーウィンドウから材料 →Air を選択し，導電率を **5E-15** (S/m) に変更
   ※導電率を持たないと電界分布がうまく表示されない
6. モデルビルダーウィンドウから材料 →440C を選択
7. 材料追加ウィンドウの検索ボックスに **304** と入力して検索
8. 材料ライブラリ中の Iron Alloys→304 から 304**[solid，polished]** を選択，ダブルクリックして追加
9. 304 の定圧比熱容量を 440C の定圧比熱容量に挿入（304→ 基本

→piecewizse3(C) を 440C→ 基本の中にドラッグ，関数名を C2 とし，定圧比熱容量の欄には C2(T[1/K])[J/(kg*K)] と記入）

※ 440C の定圧比熱容量がないため，一般的な SUS304 の値を用いた

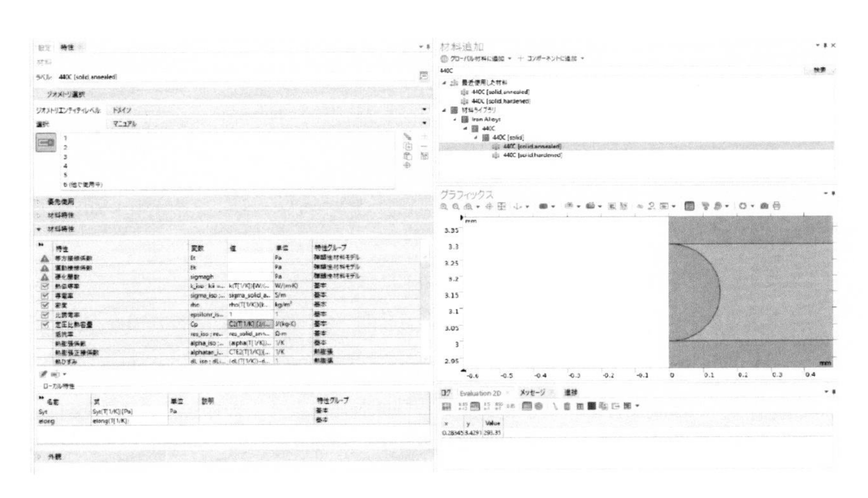

図 A.8 材料の設定

10. 材料追加ウィンドウ右上の × をクリックし，ウィンドウを閉じる
11. モデルビルダーウィンドウから材料 →304 を選択して右クリックし，無効化を選択
12. モデルビルダーウィンドウから材料 →440C を選択し，ジオメトリ選択の選択を有効化し，選択リストまたはグラフィックスから（ドメイン）1，2，3，4，5 を選択し，440C の比誘電率を 1 に変更
13. 同様に Air は 6 を選択

Electric currents

1. モデルビルダーウィンドウの電流をクリック
2. ツールバーからフィジックス → 境界 → **端子**を選択
3. モデルビルダーウィンドウから電流 → 端子を選択
4. ドメイン選択で（境界）10 を選択（正極板上部）

5. 端子 → 端子タイプは電流とし，電流 I_0= an1(t) と入力
6. ツールバーからフィジックス → **境界** → **接地**を選択
7. モデルビルダーウィンドウから電流 → 接地を選択
8. 境界選択で（境界）2 を選択（負極板下部）
9. モデルビルダーウィンドウから電流 → 電気絶縁を選択
10. 選択が外部の境界以外は適用不可になっていることを確認

Heat transfer

1. モデルビルダーウィンドウの伝熱をクリック
2. ツールバーからフィジックス → 境界 → **温度**を選択
3. モデルビルダーウィンドウから伝熱 → 温度を選択
4. 境界選択で（境界）2，10 を選択（正極板上部・負極板下部）
5. デルビルダーウィンドウから伝熱 → 断熱を選択
6. 選択が外部の境界のみになっていることを確認
   ※マルチフィジックスの操作は特に不要

Mesh

1. ツールバーからメッシュ → **フリーメッシュ 3 角形**を選択
2. ツールバーからメッシュ → 属性の普通▼を展開 → **極めて細かい**を選択
3. モデルビルダーウィンドウからメッシュ → フリーメッシュ 3 角形 → サイズを選択
4. ジオメトリ選択で（ドメイン）2，3，4，6 を選択（球周辺）
5. ツールバーからメッシュ → **フリーメッシュ 3 角形**を選択
6. モデルビルダーウィンドウからメッシュ → フリーメッシュ 3 角形を選択
7. ツールバーからメッシュ → 属性の普通▼を展開 → **細かい**を選択
8. ドメイン選択でジオメトリエンティティーレベルを残りの領域とする
9. 全てを作成をクリックしてメッシュを作成

Study

1. モデルビルダーウィンドウのスタディ → ステップ 1：時間依存を選択
2. 時間単位 μs に変更
3. 出力時間の横の範囲を選択し，開始，刻み，終了をそれぞれ 0，0.01，5 と入力（range(0,0.01,5) と表示される）
4. スタディ 1 を選択し，収束プロット作成のミニチェックを入れ，計算をクリック
   ※スタディの前にファイルを保存しておくとよい

Result

1. スタディ終了後，ツールバーから結果 → **カットプレーン**を選択
2. モデルビルダーウィンドウから結果 → データセット → カットプレーンを選択
3. データセットは回転 2D1 を選択
4. 平面データは YZ 平面，X 座標は 0 mm と入力
5. ツールバーから結果 →**2D プロットグループ**を選択
6. モデルビルダーウィンドウから 2D プロットグループを選択し，ツールバーから 2D プロットグループ → **サーフェス**を選択
7. データセットはカットプレーンを選択
8. モデルビルダーウィンドウからサーフェスを選択し，式の右端にある赤と緑の矢印をクリック
9. コンポーネント 1→ 伝熱（固体）→ 温度 →**T-温度-K** を選択
10. プロットをクリック
11. 必要に応じてグラフィックスウィンドウ中のズームインボタンをクリックして拡大する
12. サーフェスを選択し，カラーレジェンドから任意のカラーバーの範囲を設定できる
13. モデルビルダーウィンドウの 2D プロットグループ 1 を選択し，任意の時刻の温度分布を表示できる
    ※必要に応じて，名前を 2D プロットグループ 1 temprature などと

しておくと分かりやすい

14. ツールバーから結果 → カットポイント 2D1 を選択
15. モデルビルダーウィンドウから結果 → データセット → カットポイント 2D1 を選択
16. データセットはスタディ 1/解 1 を選択
17. ポイントデータは (R,Z) = (0, 3.15-0.000947) とそれぞれ入力（カットポイント 1，金属球中心）
18. ツールバーから結果 →1D プロットグループを選択
19. モデルビルダーウィンドウから 1D プロットグループを選択し，ツールバーの 1D プロットグループからポイントグラフを選択
20. データセットはでカットポイント 2D1 を選択
21. モデルビルダーウィンドウからポイントグラフ 1 を選択し，式の右端にある赤と緑の矢印をクリック
22. コンポーネント 1→ 伝熱（固体）→ 温度 →**T-温度-K** を選択
23. プロットをクリック
24. モデルビルダーウィンドウから結果 → データセット → カットポイント 2D1 を選択
25. データセットはスタディ 1/解 1 を選択
26. ポイントデータは (R,Z) = (0.15, 3.15-0.000947) とそれぞれ入力（カットポイント 2，金属球側面）
27. 同様にモデルビルダーウィンドウから結果 → データセット → カットポイントを選択
28. データセットはスタディ 1/解 1 を選択
29. ポイントデータは (R,Z) = (0, 3.3-0.001893) とそれぞれ入力（カットポイント 3，金属球と正極側電極の接触点）
30. カットポイント 2，3 それぞれについて 18.〜23. の手順でグラフを作成

A.2　COMSOL Multiphysics のモデル開発 GUI

ここでは，本書の 4.2 節で説明されている，COMSOL Multiphysics の AC/DC モジュール，伝熱モジュール用いた電流伝熱シミュレーションのモデルビルダーについて紹介します。このモデルビルダーを拡大したものを図 A.9 に示します。まず，ジオメトリでシミュレーションのジオメトリ（モデル形状）を作成し，それをグラフィックに表示させながら，モデルビルダーにて，各材料特性の入力，および，各物理カテゴリに必要な設定を行い，これらをジオメトリの各部位に対応づけていきます。

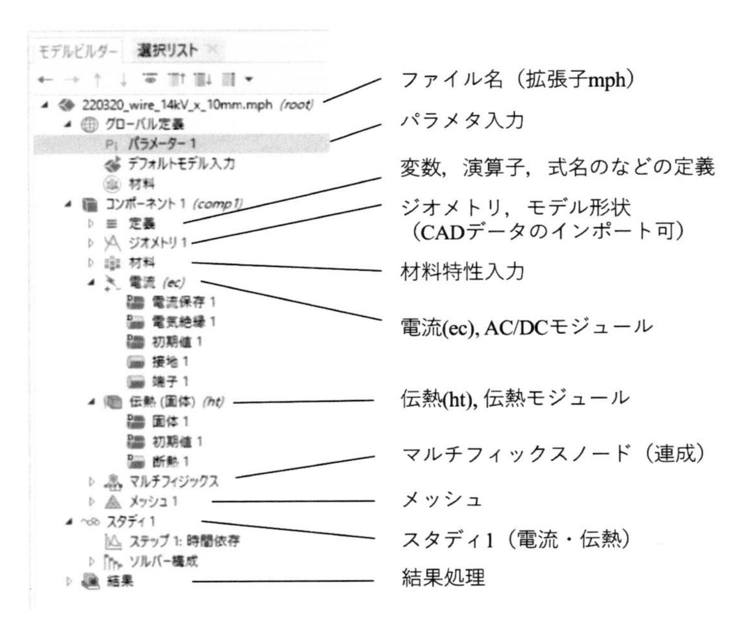

図 A.9　電流伝熱シミュレーションのマルチフィジックスでのモデルビルダー

図 A.10 に物理カテゴリである電流，伝熱，そして，マルチフィックスノード，および，これらでの方程式を拡大した画像を示します。これら物理カテゴリの方程式は偏微分方程式であり，方程式に含まれている材料値の各設定を行います。また，図 4.4（a）で示された境界条件を各物理カテゴリで設定していきます。図 A.10 で見られるように，マルチフィックスノードの方程式において，Q_e には本書の式 (4.18) が代入されており，電流と伝熱シミュレーションが連成されることになります。

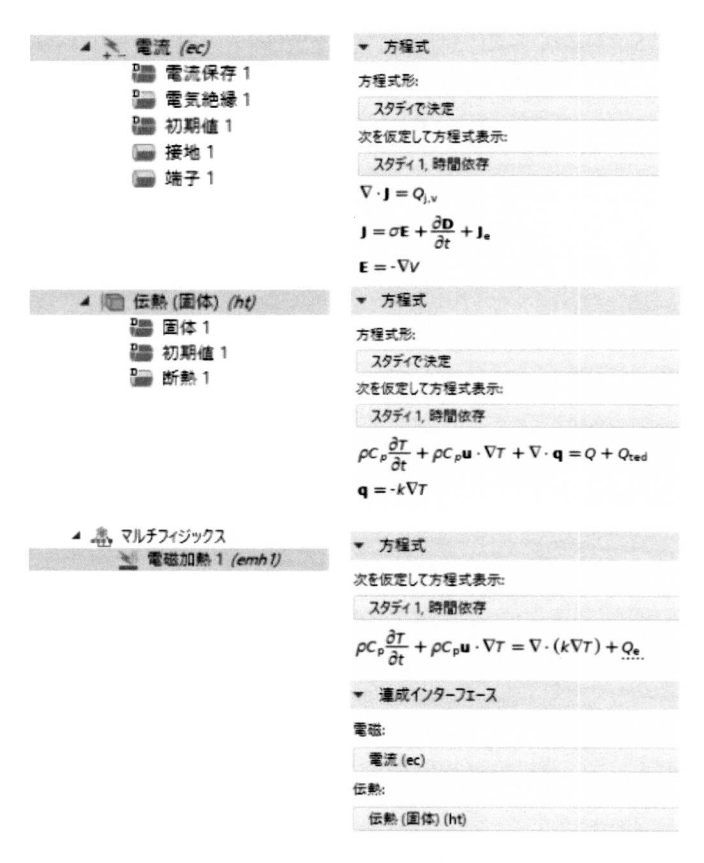

図 A.10　電流伝熱シミュレーションでの各物理の設定，マルチフィジックスノードの内容，および，各方程式

索引

A

aging ... 176

B

BET 型 ... 165

C

COMSOL Multiphysics ... 75

E

EVA ... 46, 99

I

ICP 発光分光分析法 ... 157
ICT ... 45

L

LiB ... 50

M

MDGs ... 14

S

SDGs ... 15
SI ... 158

V

Voigt モデル ... 126

X

X 線回折 ... 159
X 線吸収微細構造 ... 159

あ

アーク放電 ... 85
圧縮 ... 94
イオンクロマトグラフィー ... 157
移流 ... 182
インダクタンス ... 68
渦電流選別 ... 37
沿面放電現象 ... 73
オイラー陰解法 ... 135
オイラー角 ... 139
オイラー陽解法 ... 135
黄鉄鉱 ... 177
応力 ... 94
音響インピーダンス ... 110
温室効果ガス ... 18

か

カーボンニュートラル ... 18
外圏錯体 ... 160
解体系プロセス ... 48
界面破壊 ... 86
海洋マイクロプラスチック汚染 ... 57
ガウスの法則 ... 67
蛙跳び法 ... 135
化学系プロセス ... 48
化学的風化 ... 176
化学的分離 ... 39
化学反応モデル ... 154
拡散 ... 182
拡散層モデル ... 161
核生成 ... 174
過制動 ... 69
加熱硬化 ... 81
ガラスファイバー ... 49
慣性テンソル ... 138
凝集沈殿 ... 154
凝集沈殿法 ... 44
凝集破壊 ... 86
共振周波数 ... 78
金属資源開発 ... 37
金属資源消費 ... 20
クォータニオン ... 138
グレート・アクセラレーション（大加速）時代 ... 13
結合粒子モデル ... 140
ケミカルリサイクル ... 57
原子吸光光度計 ... 157
減衰振動 ... 68
高圧ロール型粉砕機 ... 140
剛体 ... 137
高粘性流体 ... 122
坑廃水 ... 44
鉱物溶解反応 ... 170
コロナ放電現象 ... 73
混合プロセス ... 145
コンデンサ ... 68

さ

サーキュラー・エコノミー ... 26
サーマルリサイクル ... 57
サイト密度 ... 169
酸化溶解反応 ... 177
酸浸出 ... 54
酸性坑廃水 ... 176

シェアリング ………… 28
資源循環 ………… 19, 31, 55
資源パラドックス問題 ………… 21
自己触媒反応 ………… 181
磁選 ………… 37
失活 ………… 54
シャドウグラフ法 ………… 84, 87
臭素系難燃剤 ………… 144
収着等温線 ………… 164
ジュール熱 ………… 74
主応力 ………… 97
準静的システム ………… 68
衝撃式破砕 ………… 40
衝撃波 ………… 109, 111
衝撃波の基礎方程式 ………… 112
消石灰 ………… 154
常微分方程式 ………… 135
浸透流 ………… 184
垂直応力 ………… 94
垂直ひずみ ………… 95
スプリッティングスキーム ………… 135
スポーリング破壊 ………… 111
静電容量 ………… 169
生分解性プラスチック ………… 58
絶縁破壊 ………… 72
絶縁破壊電圧 ………… 72
接触判定 ………… 130
接触力 ………… 124
絶対的デカップリング ………… 24
繊維強化プラスチック ………… 106
線形ばねモデル ………… 126
せん断応力 ………… 95
せん断ひずみ ………… 96
選別 ………… 37
相互分離技術 ………… 31
相対的デカップリング ………… 24
相当応力 ………… 97

た

大気エアロゾル ………… 13
太陽光パネル ………… 46
多座配位子 ………… 165
多層収着 ………… 165
ダッシュポット ………… 127
単純重ね合わせ接着接手 ………… 107
弾性接触理論 ………… 126
単体分離技術 ………… 31
単分子層吸着 ………… 164
地球化学コード ………… 154
チモール ………… 157
定常電流 ………… 67
デカップリング ………… 24
電荷分布多重サイトモデル ………… 167
電気二重層 ………… 161
電気パルス法 ………… 41, 73
電子増殖 ………… 72
転動ミル ………… 144
等エントロピー過程 ………… 112
透過衝撃波 ………… 115
ドーナツ経済 ………… 24
トレーサビリティ ………… 52

な

内圏錯体 ………… 160
入射衝撃波 ………… 115
二流体モデル ………… 122
熱力学データベース ………… 155
粘性減衰力 ………… 127
粘弾性流体 ………… 122
ノッチ ………… 80, 81

は

バイオプラスチック ………… 58
バイオマスプラスチック ………… 58
焙焼 ………… 55
媒体ミル ………… 143
バインダ ………… 54, 99
バタフライ・ダイヤグラム ………… 27
パッシェンの法則 ………… 72
パッシブトリートメント ………… 154, 176
ハロゲン ………… 42
反射衝撃波 ………… 115
比重選別 ………… 37
比重分離 ………… 146
ひずみ ………… 94
ひずみゲージ ………… 106
非線形ばねモデル ………… 126
引張 ………… 94
平等磁界 ………… 71
表皮効果 ………… 70
表面錯体 ………… 154
表面錯体反応 ………… 160
表面錯体モデル ………… 160
品位 ………… 37
ファラデーの法則 ………… 66
符号付距離関数 ………… 133
浮選 ………… 37, 154
物理的分離 ………… 39
不平等電界 ………… 73
プラズマ ………… 41, 85, 112
フラックス ………… 184
フラッシング ………… 177

プラネタリー・バウンダリー 12
不連続体モデル 122
粉砕 136
粉体シミュレーション 122
平衡状態 170
閉鎖系 67
ヘルツの式 88
ポアソン比 98
母材破壊 86
ホッパー 142
ポテンシャル流れ 184
ホプキンソン効果 111
ボロノイ分割モデル 141

ま

マクスウェル–アンペールの法則............ 66
マクスウェル方程式 66, 100
マテリアルフロー解析 38
マテリアルリサイクル 57
メカニカルスイッチ 74
メカノケミカル反応 39
メンテナンス 28

や

遊星ボールミル 144
陽イオン交換反応 156
揺動テーブル 146
溶媒抽出 55
予測子–修正子法.............................. 135

ら

落錘試験 141
リーチング 153
リサイクル 28, 53
離散化 75, 135
離散要素法 123
リチウムイオン電池 50
リファービッシュ 28
リペア 28
リユース 28, 52
粒子置換モデル 140
粒子ベース剛体モデル 137
粒子法 141
臨界制動 69
レアアース 22
連続体モデル 122
ローレンツ力 41
ローレンツ力の方程式 68

著者紹介

所 千晴（ところ ちはる）

早稲田大学 理工学術院 教授，東京大学 大学院工学系研究科 教授
博士（工学）
2003年 東京大学大学院工学系研究科地球システム工学専攻博士課程修了。
2004年 早稲田大学理工学部助手．2007年早稲田大学理工学術院専任講師，2009年同准教授，2015年より教授（現職）。
また，クロスアポイントメントにて2021年より東京大学大学院工学系研究科教授（現職）。
専門は，資源循環工学，粉体工学，化学工学。著書に『初心者のためのPHREEQCによる反応解析入門』（R＆D支援センター，2016），『バリューチェーンと単位操作から見たリサイクル（最近の化学工学69）』（化学工学会関東支部，2021）などがある。
執筆担当：第1章，第2章

林 秀原（いむ すうぉん）

日本文理大学 機械電気工学科 准教授
博士（工学）
2016年 熊本大学大学院自然科学研究科博士課程修了。
同年熊本大学日本学術振興会外国人特別研究員，2019年早稲田大学理工学術院総合研究所研究院講師。2022年より日本文理大学機械電気工学科准教授（現職）。
専門は，電気工学，高電圧大電流パルスパワー。
執筆担当：第3章，付録A.1

小板 丈敏（こいた たけとし）

早稲田大学 理工学術院 講師
博士（工学）
2014年 東北大学大学院 工学研究科 航空宇宙工学専攻 博士課程修了。
2014年 東北大学 多元物質科学研究所 希少元素高効率抽出技術拠点 研究支援者。
2015年 埼玉工業大学 工学部 機械工学科 講師。
2020年 早稲田大学 理工学術院総合研究所 主任研究員（研究院講師）。
2022年 早稲田大学 理工学術院 講師（現職）。
専門は，衝撃波工学，流体工学，高電圧パルスパワー工学。
執筆担当：第4章，付録A.2

綱澤 有輝（つなざわ ゆうき）

産業技術総合研究所 地質調査総合センター 研究員
博士（工学）
2016年 早稲田大学大学院 創造理工学研究科 博士課程修了。
2016年 産業技術総合研究所 地質調査総合センター 産総研特別研究員。
2017年 産業技術総合研究所 地質調査総合センター 研究員（現職）。
専門は，粉体工学，資源工学。
執筆担当：第5章

淵田 茂司（ふちだ しげし）

東京海洋大学 海洋資源エネルギー学部門 准教授
博士（理学）
2015年 大阪市立大学大学院（現：大阪公立大学大学院）理学研究科生物地球系専攻後期博士課程修了。

2015年 国立環境研究所地域環境センター特別研究員。2019年 早稲田大学理工学術院次席研究員。2020年 同講師。2022年より現職。
専門は地球化学，海洋化学，環境化学，環境工学。
執筆担当：第6章

髙谷 雄太郎（たかや ゆうたろう）

東京大学 大学院工学系研究科 准教授
博士（工学）
2012年 東京大学大学院工学系研究科システム創成学専攻博士課程修了。
2012年 産業技術総合研究所産総研特別研究員，2013年東京大学大学院特任研究員，2014年海洋研究開発機構日本学術振興会特別研究員(PD)，2015年早稲田大学理工学術院助教，2018年 同講師，2020年 同主任研究員を経て，2021年より現職。
専門は，地球化学，資源処理工学。
執筆担当：第6章

COMSOL Multiphysicsのご紹介

COMSOL Multiphysicsは，COMSOL社の開発製品です。電磁気を支配する完全マクスウェル方程式をはじめとして，伝熱・流体・音響・固体力学・化学反応・電気化学・半導体・プラズマといった多くの物理分野での個々の方程式やそれらを連成（マルチフィジックス）させた方程式系の有限要素解析を行い，さらにそれらの最適化（寸法，形状，トポロジー）を行い，軽量化や性能改善策を検討できます。一般的なODE（常微分方程式），PDE（偏微分方程式），代数方程式によるモデリング機能も備えており，物理・生物医学・経済といった各種の数理モデルの構築・数値解の算出にも応用が可能です。上述した専門分野の各モデルとの連成も検討できます。

また，本製品で開発した物理モデルを誰でも利用できるようにアプリ化する機能も用意されています。別売りのCOMSOLコンパイラやCOMSOLサーバーと組み合わせることで，例えば営業部に所属する人でも携帯端末などから物理モデルを使ってすぐに客先と調整をできるような環境を構築することができます。

本製品群は，シミュレーションを組み込んだ次世代の研究開発スタイルを推進するとともに，コロナ禍などに影響されない持続可能な業務環境を提供します。

【お問い合わせ先】
計測エンジニアリングシステム（株）事業開発室
COMSOL Multiphysics 日本総代理店
〒101-0047 東京都千代田区内神田1-9-5 SF内神田ビル
Tel: 03-5282-7040　　Mail: dev@kesco.co.jp
URL：https://kesco.co.jp/service/comsol/

◎本書スタッフ
編集長：石井 沙知
編集：石井 沙知
組版協力：阿瀬 はる美
図表製作協力：菊池 周二
表紙デザイン：tplot.inc 中沢 岳志
技術開発・システム支援：インプレス NextPublishing

●本書は『資源循環のための分離シミュレーション』（ISBN：9784764960442）にカバーをつけたものです。

●本書の内容についてのお問い合わせ先
近代科学社Digital　メール窓口
kdd-info@kindaikagaku.co.jp
件名に「『本書名』問い合わせ係」と明記してお送りください。
電話やFAX，郵便でのご質問にはお答えできません。返信までには，しばらくお時間をいただく場合があります。なお，本書の範囲を超えるご質問にはお答えしかねますので，あらかじめご了承ください。

マルチフィジックス有限要素解析シリーズ 1

資源循環のための分離シミュレーション

2024年4月30日　初版発行Ver.1.0

著　者　所 千晴, 林 秀原, 小板 丈敏, 綱澤 有輝, 淵田 茂司, 髙谷 雄太郎
発行人　大塚 浩昭
発　行　近代科学社Digital
販　売　株式会社 近代科学社
〒101-0051
東京都千代田区神田神保町1丁目105番地
https://www.kindaikagaku.co.jp

ISBN978-4-7649-0691-4